宁夏水资源演变及承载力预警

主　编　杜　历
副主编　王生鑫　徐　涛　陈　丹　杜军凯

黄河水利出版社
·郑州·

内 容 提 要

本书系统全面地丰富了第三次水资源调查评价成果体系,主要包括概述、水资源时空格局、水资源开发利用规律解析、河湖水生态环境演变、水资源承载力评价与预警、总结与建议等内容。

本书可供水利行业从事水资源管理、分析和应用的相关工作人员、研究人员学习借鉴。

图书在版编目(CIP)数据

宁夏水资源演变及承载力预警/杜历主编. —郑州:
黄河水利出版社,2022.12
ISBN 978-7-5509-3483-2

Ⅰ.①宁… Ⅱ.①杜… Ⅲ.①水资源-承载力-研究
-宁夏 Ⅳ.①TV211

中国版本图书馆 CIP 数据核字(2022)第 244055 号

出 版 社:黄河水利出版社   网址:www.yrcp.com
地址:河南省郑州市顺河路黄委会综合楼 14 层   邮政编码:450003
发行单位:黄河水利出版社
    发行部电话:0371-66026940、66020550、66028024、66022620(传真)
    E-mail:hhslcbs@ 126. com
承印单位:河南匠心印刷有限公司
开本:787 mm×1 092 mm   1/16
印张:11
字数:255 千字   印数:1—1 000
版次:2022 年 12 月第 1 版   印次:2022 年 12 月第 1 次印刷
定价:69. 00 元

《宁夏水资源演变及承载力预警》
编写委员会

《宁夏水资源演变及承载力预警》
编写名单

主　　编：杜　历
副主编：王生鑫　徐　涛　陈　丹　杜军凯
参　　编：王生鑫　徐　涛　杜军凯　张海涛
　　　　　李淑霞　陈　丹　张　华　段丽婷
　　　　　李军建　郭文献　李萌萌　闫文晶
　　　　　刘海滢　马永刚　李聪敏　陈玉春
　　　　　马德仁　司建宁　王彦兵　杨　雪
　　　　　马思佳　童钰芳　李　岩　王　磊
　　　　　朱旭东　徐　良　赵宇翔　桑　叶
　　　　　蔺海红　马　静　于慧黎　马尚贤
　　　　　杨彦忠　孔　菁　李笑翔　张文会
　　　　　王佳俊

前　言

水资源是基础性的自然资源和战略性的经济资源,是经济社会可持续发展、维系生态平衡和优美环境的重要基础。系统掌握区域水资源的"家底"和禀赋状况是水资源开发利用、节约保护等管理工作的基石,根据历次全国水资源评价工作总体安排,针对水资源短缺、水环境污染、水生态损害等问题,宁夏先后开展了第一次水资源调查评价(1956~1979 年系列)、第二次水资源调查评价(1956~2000 年系列)和第三次水资源调查评价(1956~2016 年系列)工作,积累了比较丰富的资料。随着城市规模不断扩大,全球气候变化影响加剧、土地利用和城镇化建设等对下垫面的剧烈改变及受水土资源开发利用的影响,宁夏水循环及水文过程发生了显著变化。

全书在现有数据资料成果的基础上开展进一步的工作,针对区域水循环演变的关键问题,综合多元数据与先进的技术方法,系统总结宁夏过去 60 年来水资源的时空分布格局与演变规律;基于知识图谱的相关性矩阵进行用水量与实物量的相关性分析,基于深度学习的供用水预测模型对工业用水量与生活用水量进行预测,揭示宁夏水资源开发利用规律;总结宁夏水资源的禀赋特点与演变特征、水环境质量与水生态的变化趋势,分析区域水资源承载状况,并给出相应的建议,丰富宁夏第三次水资源调查评价成果体系,为区域水资源开发、利用、治理、配置、节约与保护等相关规划的制定提供科技支撑。

全书共分为六章。第一章概述,主要阐述宁夏自然地理、经济社会状况、河流水系、水利工程等;第二章水资源时空格局,主要介绍水资源要素、降水量变化、河川径流量变化、水资源总量变化、土地利用与产水能力变化、地表水可利用水资源、水资源演变趋势等;第三章水资源开发利用规律解析,主要介绍供水工程状况、供用耗排水量变化、用水效率变化、基于知识图谱的用水量与实物量相关性分析、基于深度学习的供用水预测模型等;第四章河湖水生态环境演变,主要介绍水生态环境问题、河流径流量变化及影响因素、湖泊演变特征及原因、主要河流生态流量评价、水环境状况分析等;第五章水资源承载力评价与预警,主要介绍水资源承载力评价指标体系、2018 年和 2020 年水资源承载力评价、水资源承载力监测预警机制等;第六章总结与建议,主要介绍水资源禀赋与演变、开发利用程度与规律、河湖水生态环境演变、水资源承载力与预警机制等方面的结论。

本书在编写过程中得到了许多专家的帮助与指导,在此表示衷心的感谢!

由于作者水平所限,书中难免存在不足和疏漏之处,敬请广大读者批评指正。

编　者

2022 年 11 月

目　录

前　言

第一章　概　述 …………………………………………………………（1）

　　第一节　自然地理 ……………………………………………………（1）

　　第二节　经济社会状况 ………………………………………………（3）

　　第三节　河流水系 ……………………………………………………（5）

　　第四节　水利工程 ……………………………………………………（7）

第二章　水资源时空格局 ……………………………………………（10）

　　第一节　水资源要素 ………………………………………………（10）

　　第二节　降水量变化 ………………………………………………（11）

　　第三节　河川径流量变化 …………………………………………（20）

　　第四节　水资源总量变化 …………………………………………（27）

　　第五节　土地利用与产水能力变化 ………………………………（32）

　　第六节　地表水可利用水资源 ……………………………………（46）

　　第七节　水资源演变趋势 …………………………………………（52）

第三章　水资源开发利用规律解析 …………………………………（58）

　　第一节　供水工程状况 ……………………………………………（58）

　　第二节　供用耗排水量变化 ………………………………………（64）

　　第三节　用水效率变化 ……………………………………………（66）

　　第四节　基于知识图谱的用水量与实物量相关性分析 …………（69）

　　第五节　基于深度学习的供用水预测模型 ………………………（73）

第四章　河湖水生态环境演变 ………………………………………（83）

　　第一节　水生态环境问题 …………………………………………（83）

　　第二节　河流径流量变化及影响因素 ……………………………（85）

　　第三节　湖泊演变特征及原因 …………………………………（100）

　　第四节　主要河流生态流量评价 ………………………………（110）

　　第五节　水环境状况分析 ………………………………………（116）

第五章　水资源承载力评价与预警 ………………………………（121）

　　第一节　水资源承载力评价指标体系 …………………………（121）

　　第二节　2018 年水资源承载力评价 …………………………（122）

　　第三节　2020 年水资源承载力评价 …………………………（139）

　　第四节　水资源承载力监测预警机制 …………………………（144）

第六章　总结与建议 ………………………………………………（158）

　　第一节　水资源禀赋与演变 ……………………………………（158）

第二节　开发利用程度与规律 ………………………………（160）

第三节　河湖水生态环境演变 ………………………………（162）

第四节　水资源承载力与预警机制 …………………………（163）

参考文献 ……………………………………………………（166）

第一章　概　述

第一节　自然地理

　　宁夏自南北朝以来便以"塞上江南,鱼米之乡"闻名于世。宁夏位于中国东西轴线中心、黄河中上游,是连接华北与西北的重要枢纽。地处东经 104°17′~107°39′,北纬 35°14′~39°23′,南北长约 465 km,东西宽 45~250 km,国土面积 6.64 万 km²,东连陕西省、南接甘肃省、北与内蒙古自治区接壤,地跨黄土高原和内蒙古高原两个地形区,地势南高北低,地貌类型多样,自南向北分为六盘山山地、宁南黄土丘陵、宁中山地与山间平原、灵盐台地、卫宁平原、银川平原和贺兰山山地等,一般海拔在 1 090~2 000 m,境内最高峰贺兰山海拔 3 556 m,地理位置独特,地势地形复杂,气候类型多样。宁夏全区现辖 5 个地级市,9 个市辖区、2 个县级市、11 个县。

一、地形地貌

　　宁夏回族自治区处于华北台地、鄂尔多斯台地与祁连山褶皱之间的过渡地带,高原与山地交错。从西、北至东由腾格里沙漠、乌兰布和沙漠和毛乌素沙地相围。全境海拔 1 000 m 以上,南部与黄土高原相连,地形南北狭长,地势南高北低,高差近 1 000 m,呈阶梯状下降。地貌格局以西北走向的牛首山断裂为界,呈现明显的南北分界。境内山地迭起,平原错落,丘陵连绵,沙丘、沙地散布。其中,平原、丘陵、台地、山地面积分别占总面积的 39.26%、37.41%、8.49%、14.84%。自北向南分为贺兰山山地、银川平原、宁中山地与山间平原、灵盐台地、宁南黄土丘陵和六盘山山地等六个地貌单元,表现出由风沙干燥地貌向流水地貌过渡的特点。

二、气象水文

　　宁夏地处西北内陆,远离海洋,位于我国季风区西缘,冬季受蒙古高压控制,夏季处在东南季风西行的末梢,形成典型的大陆气候,南北相跨 5 个纬度,具有南寒北暖、南湿北干、冬寒漫长、夏少酷暑、雨雪稀少、气候干燥、日照充足、风大沙多等特点。

　　按全国气候区划,宁夏原州区的南半部属中温带半湿润区;原州区中部属中温带半干旱区;原州区以北地区为中温带干旱区。

　　多年平均气温在 5~9 ℃,呈北高南低变化趋势。北部年平均气温 8~9 ℃,中部地区 7~8 ℃,南部地区 5~6 ℃。月平均气温以 7 月最高,1 月最低。1 月平均气温-9.3~-6.5 ℃,最低-20 ℃以下;7 月平均气温 17~24 ℃,最高达 41.4 ℃(灵武),超过 35 ℃的气温天数极少。气温年、日较差大,年较差在 24~33.3 ℃,由南向北增大,日较差各地都大于 10 ℃。年日照时数为 2 254~3 112 h,日照百分率为 50%~69%,由北向南递减。年太阳总辐射为 4 935～6 101 kcal/cm²(1 kcal＝4 186.8 J,全书同),以中、北部为多。宁夏无霜期短,以日最低气温大于 2 ℃表示的无霜期为 127～155 d。

宁夏的主要灾害性天气为干旱,其次为大风、沙尘暴、霜冻、暴雨、冰雹、热干风、低温、冷害等。

按照宁夏水系分布特点,分为黄河水系、清水河水系、红柳沟水系、苦水河水系、葫芦河水系、祖厉河水系、泾河水系、盐池内流区 8 个水系。宁夏多年平均年降水总量 149.651 亿 m³,合平均年降水深 289 mm,不足黄河流域平均值 452 mm 的 2/3,不足全国平均值的 1/2。

宁夏大部分地区日照多、湿度小、风大,水面蒸发强烈。1980～2016 年全区平均年水面蒸发量 1 218 mm,变幅在 800～1 600 mm,是全国水面蒸发量较大的省(区)之一,较第二次水资源评价的 1 250 mm 减少 32 mm。其变化趋势与年降水量相反,降水量大的地区,水面蒸发小,并随高程增加而减小,总趋势自南向北递增,六盘山为相应的低值区,在 800 mm 左右。引黄灌区受灌溉影响,湿度增大,年水面蒸发量相对较小,在 1 100 mm 左右。

宁夏有径流总量少,地区变化大,年内分配不均,年际变化大的特点。1956～2016 年,全区平均年径流量 9.056 亿 m³,折合径流深 17.5 mm,是黄河流域平均值的 1/4,是全国均值的 1/15。

三、地质构造

沿六盘山东麓、罗山东侧和牛首山东北麓呈近南北向延伸的龙首——六盘山深断裂,把宁夏地质构造分隔为具有明显差异的东、西两部分,东部属中朝准地台,西部属昆仑秦岭地槽褶皱区。在地层区划上,东部属华北地层区,西部属祁连地层区。宁夏是我国新构造运动十分活跃的地区之一,第三纪地层褶皱、活动断裂相当发育,地震发生频度和强度都很大,是我国南北地震带的重要组成部分,并且受到西北地震区和华北地震区的影响。宁夏新构造运动,是以横切宁夏中部、以北西走向的牛首山—青龙山断裂为界,分为截然不同的南北两部分,北部受北西—南东向水平拉张应力作用,使银川盆地断陷,贺兰山和鄂尔多斯高原隆起;南部受到来自南西方向的水平挤压,处于北东—南西向挤压构造应力状态。挤压力向北东传递并受到北面的阿拉善和东部的鄂尔多斯两个古老的刚性块体的阻挡,引起地壳变形、弧形断裂及其控制的隆起和断陷,形成宁夏南部的弧形地貌格局。

四、土壤植被

宁夏土壤类型多样,自南向北,依次分布黑垆土、灰钙土和灰漠土。宁南黄土丘陵区,植被为干草原和森林草原,广泛分布黄土和黑垆土。宁夏中、北部地区植被以荒漠草原为主,在台地、高阶地及洪积平原等地势较高处发育灰钙土。六盘山、罗山、贺兰山气候和植被垂直变化较明显,土壤具有相应的垂直带谱。六盘山为灰褐土和草甸土;罗山、贺兰山为灰钙土和灰褐土。贺兰山 3 100 m 以上有亚高山草甸土。宁夏地区地处我国西北地区东部,黄河中上游,绝大部分属于干旱、半干旱地区。西、北、东三面分别被腾格里沙漠、乌兰布和沙漠、毛乌素沙地包围,是我国土地沙漠化较为严重的地区之一。

宁夏有丰富的土地、光热资源和便利的农业灌溉条件。截至 2020 年底，宁夏耕地面积 120.1 万公顷，其中水田 15.4 万公顷，旱田 104.7 公顷，水浇地 38.4 万公顷。2020 年，全区农业实际灌溉面积 1 046 万亩❶（含鱼塘 18 万亩）。由于地貌、气候和土壤的差异，土地利用情况差异很大，北部引黄灌区土地开发利用程度高，中南部相对较低。农村人均耕地面积 4.6 亩，约为全国农村人均耕地的 1.8 倍。

宁夏自然植被有森林、灌丛、草甸、草原、沼泽等基本类型，以草原植被为主，其面积占自然植被面积的 79.5%，自南而北由森林草原（六盘山林地）渐变为干草原（黄土丘陵区）、荒漠草原（宁中山地与山间平原、灵盐台地）及荒漠（贺兰山北端），荒漠草原和干草原面积占草原面积的 97.8%，是宁夏草原植被的主体。

宁夏森林集中分布在六盘山、贺兰山、罗山等山地阴坡，形成自治区的三大天然林区。六盘山以阔叶林为主，贺兰山与罗山以针叶林为主。

五、矿产资源

宁夏能源及建筑材料、非金属矿产比较丰富，煤炭、石膏、石灰岩、石英岩为宁夏优势矿产，石油和天然气有一定前景，金属矿产贫乏。煤炭是宁夏得天独厚的能源矿产资源，不仅探明储量丰富（居全国第五位），煤种齐全，煤质优良，而且埋深较浅，赋存稳定，水文地质条件简单，便于开发利用，其中宁东煤田探明储量 310 亿 t，是中国 14 个重点开发的亿吨级矿区之一。同时，宁夏太阳能、风能资源丰富，且大多数地区年日照时数在 2 800~3 000 h，适宜开发的风能资源储量达 1 214 万 kW，发展新能源的条件较好，是国家确定的新能源综合利用示范区。

第二节　经济社会状况

一、行政区划及人口

宁夏全区总面积 6.64 万 km²，下辖银川、石嘴山、吴忠、固原、中卫 5 个地级市 22 个县，首府为银川市。2020 年与 2000 年宁夏各地市人口统计表见表 1-1，2020 年银川市人口为 286.2 万人，占全区常住人口的 39.7%；石嘴山市人口为 75.2 万人，占 10.4%；吴忠市人口为 138.4 万人，占 19.2%；固原市人口为 114.3 万人，占 15.9%；中卫市人口为 106.8 万人，占 14.8%。五个地级市，人口比例与 2000 年人口相比，银川市人口所占比例上升 16.9 个百分点，石嘴山市、吴忠市、固原市、中卫市人口所占比例分别下降 2.1、0.1、11.2、3.5 个百分点。2000~2020 年 21 年来宁夏全区人口呈增加趋势（见图 1-1），由 2000 年的总人口 554.4 万人增长到 2020 年的 720.9 万人，增长 166.5 万人，增长率为 30.03%。

---

❶ 1 亩 = 1/15 hm²，全书同。

表 1-1　2020 年与 2000 年宁夏各地市人口统计

地市	总人口/万人		比例/%	
	2000	2020	2000	2020
银川市	126.5	286.2	22.8	39.7
石嘴山市	69.2	75.2	12.5	10.4
吴忠市	106.7	138.4	19.3	19.2
固原市	150.4	114.3	27.1	15.9
中卫市	101.6	106.8	18.3	14.8
全区	554.4	720.9	100.0	100.0

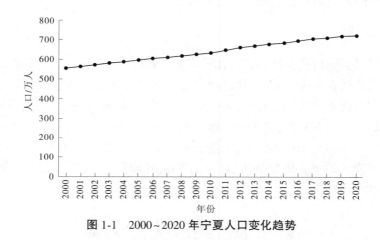

图 1-1　2000~2020 年宁夏人口变化趋势

二、经济社会发展

宁夏位于新亚欧大陆桥国内段的重要位置,承东启西,连南接北,在我国与中东中亚交通联系中具有显著的区位优势。在国家发展战略布局中,宁夏地处中部重点开发区和西部待开发区的交汇处,位于全国"两横三纵"城市化战略格局中包昆通道纵轴的北部,其沿黄经济区属于国家层面重点开发区。同时,宁夏是连接华北与西北的重要枢纽,处于风沙进入国家腹地和京、津、唐地区的咽喉要道,是国家西部重要的生态屏障,区内北部和中部是"三北"防护林建设工程的重点地段,南部属于黄土高原综合治理区和"三西"地区的范围,是我国西部生态文明建设的主战场,在国家生态安全格局中具有较高的战略地位。

宁夏既有煤炭、农业、旅游等方面的资源优势,又明显受到水资源短缺和生态脆弱的制约;既有宁东和河套灌区等发展基础较好的地区,又面临中部干旱带和南部山区脱贫致富的繁重任务;既有实现城乡经济社会协调发展的有利条件,又存在基础设施薄弱、市场发育程度较低、人才匮乏等突出问题。近年来,全区经济社会持续较快发展,经济增速明显,环境承载压力加大,经济发展与人口资源环境之间的矛盾日益凸显,经济基础薄弱、生态环境脆弱仍将是长期制约自治区加快发展的"瓶颈",生态保护和建设任务十分紧迫而艰巨。

新中国成立以来,特别是改革开放以来,宁夏凭借长期开发建设形成的基础设施和丰富的煤炭、石油、天然气等矿产资源优势,致力于经济建设,工业、农业、林业、畜牧、水利、交通、邮电、商业等都在以前所未有的速度向前发展。宁夏已形成门类齐全的工业体系,宁夏引黄灌区已成为中国重要的 12 个商品粮生产基地之一,素有"塞上江南""鱼米之乡""西部粮仓"的美誉。国家实施"一带一路"建设以来,宁夏积极参与"一带一路"建设工作。

2020 年,宁夏全区实现地区生产总值(GDP)3 920.6 亿元,按不变价格计算,比上年增长 3.9%。其中,第一产业增加值 338.0 亿元,增长 3.3%;第二产业增加值 1 609.0 亿元,增长 4.0%;第三产业增加值 1 973.6 亿元,增长 3.9%。第一、第二、第三产业增加值占地区生产总值的比例分别为 8.6%、41.0%、50.3%,比上年提高 0.2 个百分点。2000 ~ 2020 年,宁夏全区地区生产总值呈增长趋势(见图 1-2),地区生产总值由 2000 年的 295.0 亿元增长到 2020 年的 3 920.6 亿元,21 年地区生产总值增长了 3 625.5 亿元,增长率为 1 229.0%。

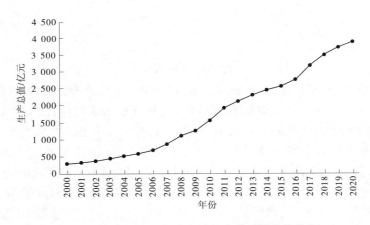

图 1-2　2000 ~ 2020 年宁夏地区生产总值变化趋势

全区全年粮食种植面积为 1 018.75 万亩,粮食总产量为 380.50 万 t,实现了连续 17 年丰收,其中夏粮产量 29.05 万 t,秋粮产量 351.45 万 t。2020 年,全区全体居民的人均可支配收入为 25 735 元,其中城镇居民人均可支配收入为 35 720 元,增长 4.1%;农村居民人均可支配收入为 13 889 元,增长 8.0%。消费水平方面,全年全区居民人均消费支出 17 506 元,其中城镇居民人均消费支出 22 379 元,农村居民人均消费支出 11 724 元。以上数据都在一定程度上反映了全区民生福祉的不断增进、经济的稳定发展。

第三节　河流水系

宁夏位于黄河上中游,除中卫甘塘一带为内流区外,其余皆属黄河流域,盐池县东部为流域内的闭流区,是鄂尔多斯内流区的一部分,主要河流有黄河干流及其支流。

宁夏河流水系见图1-3,境内黄河及其各级支流中,流域面积>10 000 km² 者仅黄河和清水河2条,>1 000 km² 的有15条。祖厉河、清水河、红柳沟、苦水河及黄河两岸诸沟位于黄河上游下段,葫芦河、泾河位于黄河中游中段。常年有水的河流有黄河干流、清水河、红柳沟、苦水河、葫芦河和泾河。

图 1-3 河流水系

黄河干流自中卫市沙坡头区南长滩入境,流经卫宁灌区到青铜峡水库,出库入青铜峡灌区至石嘴山头道坎以下麻黄沟出境,区内河长397 km,占黄河全长5 687 km的7%。多年平均实测入境水量297.0亿 m³(1956~2016年),是宁夏主要的供水水源。

清水河是宁夏汇入黄河的最大支流,发源于固原市原州区开城乡黑刺沟脑,集水面积14 481 km²(区内13 511 km²,甘肃省境内970 km²);河长320 km,平均坡降1.5‰。左岸支流有东至河、中河、苋麻河、西河、金鸡儿沟、长沙河6条;右岸有双井子沟、折死沟2条。流经原州区、西吉县、同心县、海原县、沙坡头区、中宁县,由中宁县泉眼山汇入黄河。

苦水河是直接入黄的另一条支流,发源于甘肃省环县沙坡子沟脑,集水面积5 218 km²(区内面积4 942 km²),河长224 km,平均坡降1.7‰。由甘肃环县进入宁夏,经盐池县、同心县、灵武市、利通区,由灵武市新华桥汇入黄河。

红柳沟为直接入黄支流,发源于同心县田老庄乡黑山墩,集水面积1 064 km²,河长107 km,平均坡降4.7‰,流经同心县、中宁县,由中宁县鸣沙洲汇入黄河。

葫芦河发源于西吉县月亮山,区内面积3 281 km²,干流在境内长120 km,平均坡降3.4‰。左岸有马连川、唐家河、水洛河等8条支流,右岸有滥泥河。流经宁夏西吉县、原州区、隆德县后进入甘肃省静宁县、庄浪县。

泾河发源于泾源县六盘山东麓马尾巴梁东南,区内总面积4 955 km²,干流在区内长39 km,平均坡降17.4‰。主要支流有暖水河、颉河、洪川河、茹河、蒲河、环江6条。流经泾源县、原州区、彭阳县、盐池县后进入甘肃省华亭市、平凉市、镇原县及环县。

第四节 水利工程

一、水库

宁夏境内共有水库 323 座,总库容 30.39 亿 m^3(见表 1-2)。其中,大型水库 4 座,总库容 13.95 亿 m^3;中型水库 275 座,总库容 6.02 亿 m^3。

表 1-2 不同规模水库数量和总库容汇总

水库规模	合计	大型			中型	小型		
		小计	大(1)	大(2)		小计	小(1)	小(2)
数量/座	323	4	—	4	44	275	147	128
总库容/亿 m^3	30.39	13.95	—	13.95	10.42	6.02	5.33	0.69

二、水电站

宁夏境内共有水电站 3 座,装机容量 42.59 万 kW(见表 1-3)。其中,在规模以上水电站中,已建水电站 3 座,装机容量 42.59 万 kW。

表 1-3 不同规模水电站数量和装机容量汇总

水电站规模		数量/座	装机容量/万 kW
合计		3	42.59
规模以上 (装机容量≥500 kW)	小计	3	42.59
	大(1)型	—	—
	大(2)型	1	30.20
	中型	1	12.03
	小(1)型	—	—
	小(2)型	1	0.36
规模以下(装机容量<500 kW)		—	—

三、水闸

宁夏境内过闸流量 1 m^3/s 及以上水闸 1 479 座,橡胶坝 12 座。其中,在规模以上水闸中,已建水闸 367 座;分(泄)洪闸 20 座,引(进)水闸 60 座,节制闸 185 座,排(退)水闸 102 座(见表 1-4)。

表 1-4　不同规模水闸数量汇总

水闸规模		数量/座	比例/%
合计		1 479	100
规模以上 (过闸流量≥5 m³/s)	小计	367	24.8
	大型	—	—
	中型	16	1.1
	小型	351	23.7
规模以下(1 m³/s≤过闸流量<5 m³/s)		1 112	75.2

四、堤防

宁夏境内堤防总长度为 822.07 km(见表 1-5)。5 级及以上堤防长度为 768.74 km,其中,已建堤防长度为 768.74 km。

表 1-5　不同级别堤防长度汇总

堤防级别	合计	1 级	2 级	3 级	4 级	5 级	5 级以下
长度/km	822.07	—	—	81.8	553.08	133.87	53.32
比例/%	100	—	—	9.95	67.28	16.28	6.49

五、泵站

宁夏境内共有泵站 1 082 座(见表 1-6)。其中,在规模以上泵站中,已建泵站 570 座,在建泵站 2 座。

表 1-6　不同规模泵站数量汇总

泵站规模		数量/座
合计		1 082
规模以上(装机流量≥1 m³/s 且装机功率≥50 kW)	小计	572
	大型	13
	中型	79
	小型	480
规模以下(装机流量<1 m³/s且装机功率<50 kW)		510

六、农村供水

宁夏境内共有农村供水工程 36.20 万处。其中,集中式供水工程 0.15 万处,分散式供水工程 36.05 万处。农村供水工程总受益人口 364.56 万人,其中集中式供水工程受益人口 235.01 万人、分散式供水工程受益人口 129.55 万人。

七、塘坝窖池

宁夏境内共有塘坝 229 处,总容积 2 016.45 万 m³;窖池 35.23 万处,总容积 1 170.18 万 m³。

八、灌溉建设

宁夏境内共有灌溉面积 862.48 万亩。其中,耕地灌溉面积 739.06 万亩,园林草地等非耕地灌溉面积 123.42 万亩。共有设计灌溉面积 30 万亩及以上的灌区 4 处,灌溉面积 663.21 万亩;设计灌溉面积 1 万(含)~30 万亩的灌区 23 处,灌溉面积 83.19 万亩;50 (含)~10 000 亩的灌区 226 处,灌溉面积 29.63 万亩。

九、地下水取水井

宁夏境内共有地下水取水井 33.86 万眼,地下水取水量共 5.95 亿 m³(见表 1-7)。

表 1-7 不同规模地下水取水井数量和取水量汇总

取水井类型			数量/万眼	取水量/亿 m³
合计			33.86	5.95
机电井	灌溉	小计	12.47	5.82
		小计	3.14	2.14
		井管内径≥200 mm	0.77	1.92
		井管内径<200 mm	2.37	0.22
	供水	小计	9.33	3.68
		日取水量≥20 m³	0.23	3.62
		日取水量<20 m³	9.10	0.06
人力井			21.39	0.13

十、地下水水源地

宁夏境内共有地下水水源地 29 处(见表 1-8)。

表 1-8 不同规模地下水水源地数量汇总

地下水水源地规模	数量/个	比例/%
合计	29	100
小型水源地(0.5 万 m³≤日取水量<1 万 m³)	10	34.5
中型水源地(1 万 m³≤日取水量<5 万 m³)	15	51.7
大型水源地(5 万 m³≤日取水量<15 万 m³)	4	13.8
特大型水源地(15 万 m³≤日取水量)	—	—

第二章 水资源时空格局

第一节 水资源要素

宁夏地处西北内陆,远离海洋,位于我国季风区西缘,冬季受蒙古高压控制,夏季处在东南季风西行的末梢,形成典型的大陆气候,南北相跨5个纬度,具有南寒北暖、南湿北干、冬寒漫长、夏少酷暑、雨雪稀少、气候干燥、日照充足、风大沙多等特点。

按全国气候区划,宁夏原州区的南半部属中温带半湿润区;原州区中部属中温带半干旱区;原州区以北地区为中温带干旱区。多年平均气温在5~9℃,呈北高南低变化趋势。北部年平均气温8~9℃,中部地区7~8℃,南部地区5~6℃。月平均气温以7月最高,1月最低。1月平均气温-9.3~-6.5℃,最低-20℃以下;7月平均气温17~24℃,最高达41.4℃(灵武),超过35℃的气温天数极少。气温年、日较差大,气温年较差在24~33.3℃,由南向北增大,气温日较差各地都大于10℃。年日照时数为2 254~3 112 h,日照百分率为50%~69%,由北向南递减。年太阳总辐射为4 935~6 101 kcal/cm²,以中部、北部为多。宁夏无霜期短,以日最低气温大于2℃表示的无霜期为127~155 d。宁夏的主要灾害性天气为干旱,其次为大风、沙尘暴、霜冻、暴雨、冰雹、热干风、低温、冷害等。

宁夏多年平均年降水总量149.651亿m³,合平均年降水深289 mm,与1956~2000年水资源评价持平,不足黄河流域平均值(452 mm)的2/3,不足全国平均值的1/2。宁夏降水地区分布极不均匀,由南向北递减。1956~2016年,南部六盘山东南多年平均降水量700 mm,北部黄河两岸引黄灌区仅180 mm,相差3倍多。实测最大年降水量1 173.8 mm(1961年,泾源西峡站),最小年降水量35.1 mm(1981年,平罗下庙站),相差33倍。六盘山为降水量高值区,中心雨量在700 mm以上。中卫市石羊河流域和引黄灌区为低值区,平均年雨量分别为174 mm和184 mm。年降水量400 mm以下的干旱地区占全区总面积的80%,不足200 mm雨量的地区占总面积的28.6%。

水面蒸发量(E601型蒸发值)与日照、气温、湿度、风速有很大关系,还与下垫面条件有关,是反映蒸发能力的指标。宁夏大部分地区日照多、湿度小、风大、水面蒸发强烈。1980~2016年全区平均年水面蒸发量1 218 mm,变幅在800~1 600 mm,是全国水面蒸发量较大的省(区)之一,较1956~2000年水资源评价的1 250 mm减少32 mm。其变化趋势与年降水量相反,降水量大的地区,水面蒸发量小,并随高程增加而减小,总趋势自南向北递增,六盘山为相应的低值区,在800 mm左右。引黄灌区受灌溉影响,湿度增大,年水面蒸发量相对较小,在1 100 mm左右。

各流域分区蒸发量分布,以苦水河最大,多年平均蒸发量为1 420 mm;甘塘内陆区次之,为1 400 mm;红柳沟1 367 mm;盐池内陆区1 352 mm;葫芦河最小,为872 mm,流域分区最大平均蒸发量为最小平均蒸发量的1.6倍。行政分区蒸发量分布以吴忠市最大,多年平均蒸发量为 1 341 mm;银川市次之,为 1 280 mm;石嘴山市为 1 276 mm,中卫市为 1 251 mm;固原市最小,为 920 mm。

宁夏水面蒸发的年际变化较小,一般不超过 20%。年内变化大,其随各月气温、湿度、日照、风速而变化。11 月至次年 3 月为结冰期,蒸发量小。水面蒸发量最小月一般出现在气温最低的 12 月和 1 月。春季风大气温较高,蒸发量增大,各站多年平均最大水面蒸发量多数出现在 6 月,个别站出现在 5 月。5、6 月是宁南山区夏粮作物主要生长需水期,这期间水面蒸发量最大,使山区旱情发生频繁,9、10 月随气温的下降水面蒸发量逐渐减少。

宁夏径流具有总量少、地区变化大、年内分配不均、年际变化大的特点。1956～2016 年,全区平均年径流量 9.056 亿 m³,折合径流深 17.5 mm,是黄河流域平均值的 1/4,是全国均值的 1/15。

第二节　降水量变化

一、分析方法

Mann-Kendall 趋势检验法是一种典型的非参数检验方法,该检验方法在水文领域得以广泛应用。对某一给定的系列 $X_t(t = 1,2,\cdots,n)$,根据下式计算检验统计量 Z_c。

当系列长度 n 不小于 10 时,检验统计量 S 近似服从正态分布,其均值为 0,方差计算公式为:

$$Z_c = \begin{cases} \dfrac{S - 1}{\sqrt{\mathrm{var}(S)}} & (S > 0) \\ 0 & (S = 0) \\ \dfrac{S + 1}{\sqrt{\mathrm{var}(S)}} & (S < 0) \end{cases} \tag{2-1}$$

$$S = \sum_{i=1}^{n-1} \sum_{j=i+1}^{n} \mathrm{sgn}(x_j - x_i) \tag{2-2}$$

其中

$$\mathrm{sgn}(\theta) = \begin{cases} 1 & (\theta > 0) \\ 0 & (\theta = 0) \\ -1 & (\theta < 0) \end{cases}$$

$$\mathrm{var}(S) = \frac{n(n-1)(2n+5)}{18} \tag{2-3}$$

数据序列的变化速率大小可以用梯度系列的中位数来表示:

$$\mathrm{slope}(\beta) = \mathrm{Median}\left(\frac{x_i - x_j}{i - j}\right), \forall j < i \tag{2-4}$$

采用双边检验,零假设为不存在趋势,在给定的 α 显著性水平上,若 $|Z_c| > Z_{1-\alpha/2}$,则拒绝原假设;Z_c 的绝对值大于 1.96 时,分别表示通过了置信度 95% 的显著性检验,序列数据存在明显的上升($Z_c > 0$)或下降($Z_c < 0$)趋势。

同时,Mann-Kendall 趋势检验法还可以用于数据序列的突变检验,具体步骤如下:

对于给定的系列 x_i,构造秩序列 r_i 表示 $x_i > x_j (1 \leq j \leq i)$ 的样本累计数,定义 s_k 为:

$$s_k = \sum_{i=1}^{k} r_i$$

$$r_i = \begin{cases} 1 & x_i > x_j \\ 0 & \text{else} \end{cases} \quad (j = 1, 2, \cdots, i) \tag{2-5}$$

假定时间随机独立,定义统计变量为:

$$UF_k = \frac{s_k - E(s_k)}{\sqrt{\text{var}(s_k)}} \quad (k = 2, 3, \cdots, n) \tag{2-6}$$

$$E(s_k) = \frac{n(n+1)}{4} \tag{2-7}$$

$$\text{var}(s_k) = \frac{n(n-1)(2n+5)}{72} \tag{2-8}$$

式中:UF_k 为标准正态分布统计量;$E(s_k)$ 为 s_k 的均值;$\sqrt{\text{var}(s_k)}$ 为 s_k 的方差。

在给定显著性水平 α 下,如 $|UF_k| \geq U_\alpha$,则表明序列存在明显的趋势变化。将时间序列 x_i 按逆序排列,按式(2-4)、式(2-5),令

$$UB_k = -UF_k \tag{2-9}$$

若 $UF_k > 0$,则表明序列呈上升趋势;反之,$UF_k < 0$,呈下降趋势;当两者超过检验水平临界值,表明上升或下降趋势显著。若 UF_k 与 UB_k 曲线相交,且交点在检验临界值范围内,对应交点即为突变开始时间。

Pettitt 检验是一种非参数的突变检验方法。该方法在气象领域和水文领域应用非常广泛,首先构造一个 Mann-Whitney 统计量,根据构造统计量的特征进行数据序列的突变点分析。

$$U_{t,N} = U_{t-1,N} + \sum_{j=1}^{N} \text{sgn}(x_t - x_j) \quad (t = 2, \cdots, N) \tag{2-10}$$

$$k(t) = \max_{1 \leq t \leq N} |U_{t,N}| \tag{2-11}$$

$$P_b \cong 2\exp\{-6[k(t)]^2/(N^3 + N^2)\} \tag{2-12}$$

式中:P_b 为显著性概率值,当 $P_b < 0.5$ 时,为有效突变点;$k(t)$ 为 $U_{t,N}$ 序列的最大值;t 为 $U_{t,N}$ 序列中最大值 $k(t)$ 对应的位置;$U_{t,N}$ 和 $\text{sgn}(\theta)$ 意义同前。

二、分析结果

基于各水资源三级区面雨量数据,采用面积加权法得到宁夏 1956~2016 年的年降水量时间序列,利用 Mann-Kendall、Pettitt 法趋势分析宁夏整体降水变化趋势。同时,根据宁夏境内 16 个雨量站点(关庄、同心、郭家桥、开城、固原、炭山、泉眼山、银川、达家梁子、梁家水园、泾源、三关口、草庙、兴隆、隆德、盐池)收集的 1956~2016 年逐年降水量数据,采用 Mann-Kendall 趋势检验方法对各站年际降水量变化趋势进行分析,并用 Mann-Kendall、Pettitt 法对各站时间序列进行突变检验分析。

根据计算,1956~2016 年宁夏多年平均降水量为 288.8 mm,变差系数 $C_v = 0.21$。从

时间维度来看,宁夏60年来降水量整体呈现下降趋势(见图2-1),但下降趋势并不显著,整体下降速率 $\beta = -0.401\ 8$ mm/a(Mann-Kendall),线性变化速率 $\beta = -0.341\ 8$ mm/a。如图2-2所示,20世纪50~70年代,降水时间序列的Mann-Kendall统计量UF大部分小于0,说明这时期,降水量呈现波动减少的趋势,变化的周期较短;70年代后,UF仍然小于0,但较上一时期UF值更小且曲线更为平稳,说明降水量仍然呈现下降趋势,且趋势较上一时期更为明显,但变化的周期变长,降水时间序列较之更为平稳。另外,与UF统计量呈相反数的UB统计量在2000~2010年大于0.05的显著性水平,说明降水量在这期间有较为明显的减少趋势;UF统计量与UB统计量在2011年、2014年左右相交,且交点在显著水平内,说明2011~2014年降水量发生突变,结合降水量时间序列数据发现2011~2014年,降水量由减少趋势变为增加趋势。

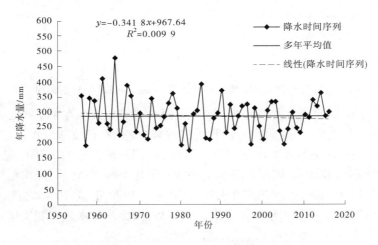

图2-1 1956~2016年宁夏降水量线性变化趋势

从空间维度看,近60年来宁夏南部降水量呈现减少的趋势,且速率较大,北部则呈现并不明显的增加趋势。60年间,关庄、开城、固原、炭山、银川、三关口、草庙、兴隆、隆德站降水量年际变化呈现降低的趋势,其中开城站降水量下降趋势显著,下降速率 β 达到1.88 mm/a;固原、三关口、兴隆的降水下降趋势虽不显著,但下降速率均大于1,呈现下降较快的趋势;炭山、银川、草庙、隆德站下降趋势并不显著,同时下降速率也不大。同心、郭家桥、泉眼山、达家梁子、梁家水园、泾源、盐池站降水量年际变化呈现增加的趋势,但趋势都并不明显。呈现下降趋势的9个雨量站中,位于南部的雨量站占据7个,下降速率较大的几个站点都位于自治区南部,说明自治区南部降水量呈现下降趋势,且下降速率较大;而呈现增加趋势的7个站点中,位于北部的占据6个,说明自治区北部降水量60年来呈现增加趋势。全区各站点多年降水量变差系数 C_v 在0.15~0.45,由南向北随着雨量的减少,年际变化逐渐增大。南部六盘山区,水汽较丰,年雨量大,年际变化小,C_v 值小,基本在0.25以下。惠农、大武口区等地 C_v 值达0.40以上。

各站点在Pettitt突变检验中,p 值都未能通过显著性检验($a = 0.05$),因此各站降水时间序列突变并不显著。在结合降水量Mann-Kendall统计量曲线分析后,发现关庄、开城、固原、兴隆、隆德站降水时间序列中有相对较为明显的突变点,且降水量都是在波动变

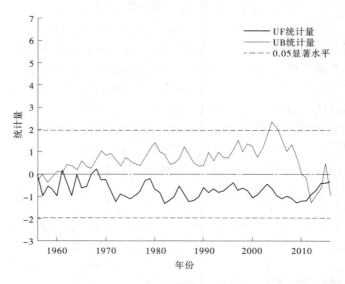

图 2-2　宁夏 1956~2016 年降水量系列 Mann-Kendall 统计量曲线

化或者增加趋势下向减少趋势发生突变。关庄站降水量突变发生在 1979 年,突变之前关庄站降水量呈现增加趋势,但随后降水量开始出现减少趋势;开城站降水量在 1985 年发生突变,1985 年之前,开城站降水量呈现波动减少的趋势,减少趋势并不明显,突变发生后,降水量减少速率明显增大;固原站降水量突变发生在 1968 年之前,降水量呈现增加趋势,之后开始呈现减少趋势;兴隆站降水量突变发生在 1970 年,1970 年之前一段时间内降水量呈现增加趋势,之后降水量开始呈现减少趋势;隆德站降水量突变发生在 1993 年,1993 年之前一段时间内降水量波动变化,之后开始出现减少趋势。

降水时间序列分析结果见表 2-1,各站点年降水总量 Mann-Kendall 统计量曲线见图 2-3。

表 2-1　降水时间序列分析结果

站点	Mann-Kendall 趋势分析统计量 Z_c	Mann-Kendall 趋势分析变化速率 $\beta/(\text{mm/a})$	突变年份(Pettitt)/年
关庄	-1.301 1	-1.058 5	1980($p=0.436\ 1$)
同心	-1.007 7	-0.714 8	2003($p=0.607\ 8$)
郭家桥	0.331 7	0.151 1	1988($p=1.148\ 9$)
开城	-1.938 9	-1.880 8	1985($p=0.245\ 5$)
固原	-1.702 9	-1.208 2	1985($p=0.245\ 5$)
炭山	-0.542 1	-0.465 3	2003($p=0.581\ 1$)
泉眼山	0.102 0	0.031 6	1933($p=1.218\ 8$)
银川	-0.325 3	-0.217 8	1983($p=1.131\ 4$)
达家梁子	0.159 4	0.128 5	1980($p=1.476\ 7$)
梁家水园	0.318 9	0.146 5	1992($p=1.227\ 5$)

续表 2-1

站点	Mann-Kendall 趋势分析统计量 Z_c	Mann-Kendall 趋势分析变化速率 β/(mm/a)	突变年份(Pettitt)/年
泾源	0.114 8	0.104 4	1990($p=1.227\ 5$)
三关口	−1.435 0	−1.407 9	1984($p=0.594\ 4$)
草庙	−0.708 0	−0.620 3	1977($p=0.910\ 0$)
兴隆	−1.422 3	−1.021 2	1970($p=0.175\ 2$)
隆德	−1.345 7	−0.851 7	1993($p=0.335\ 5$)
盐池	0.369 9	0.186 7	1968($p=0.885\ 5$)

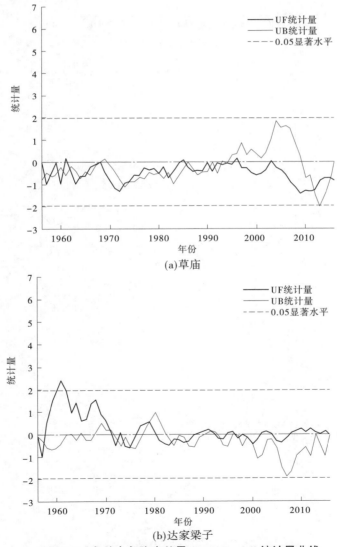

(a)草庙

(b)达家梁子

图 2-3　各站点年降水总量 Mann-Kendall 统计量曲线

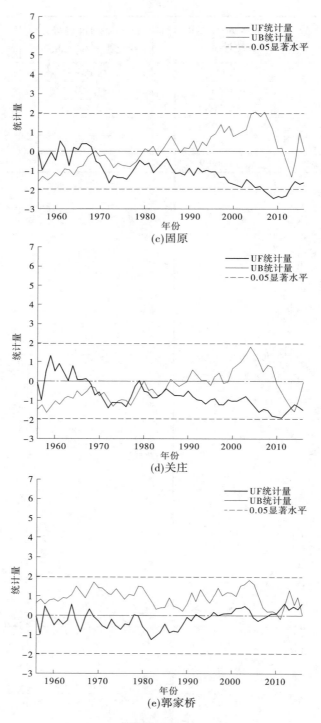

(c)固原

(d)关庄

(e)郭家桥

续图 2-3

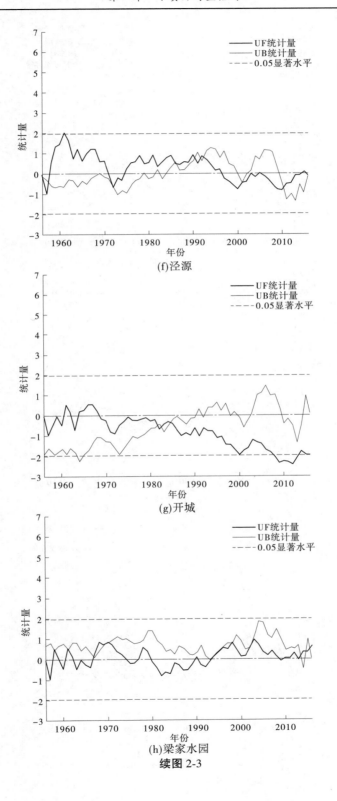

(f)泾源

(g)开城

(h)梁家水园

续图 2-3

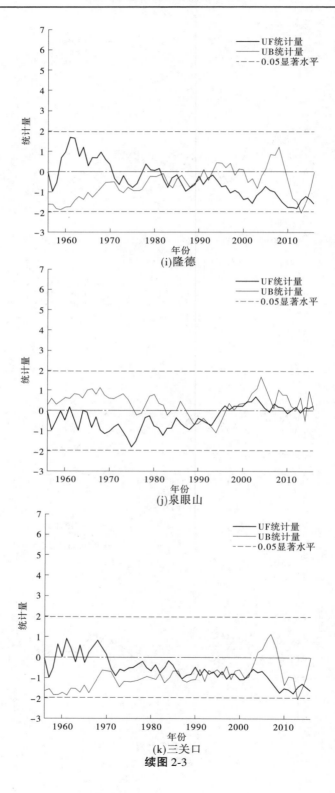

(i)隆德

(j)泉眼山

(k)三关口

续图 2-3

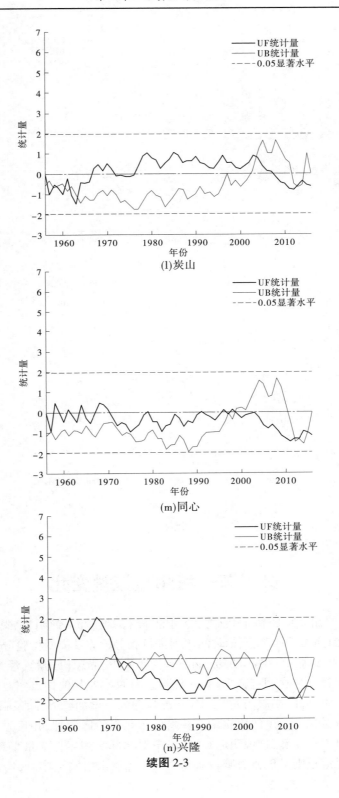

(l)炭山

(m)同心

(n)兴隆

续图 2-3

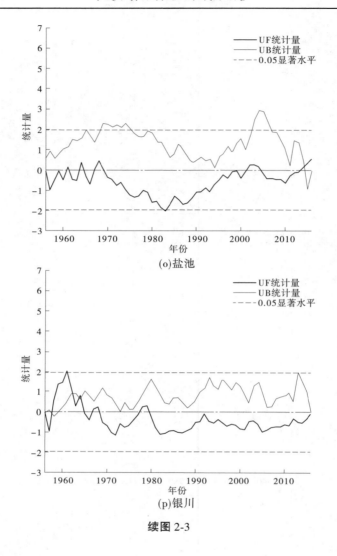

续图 2-3

第三节　河川径流量变化

　　选取固原(原州)、郭家桥、韩府湾、泾河源、隆德、鸣沙洲、彭阳、泉眼山 8 个水文代表站,对 1956~2021 年实测年径流量时间序列进行趋势检验及突变检验分析。

　　结果(见表 2-2)显示:在 $\alpha=0.05$ 的显著性水平下,固原(原州)、泾河源、隆德、彭阳、韩府湾站实测年径流量序列有减少趋势,且除泾河源站外其他站点实测年径流量减少趋势明显;郭家桥、鸣沙洲、泉眼山站实测年径流量序列有增加趋势,除泉眼山站外均显著变化。实测年径流量显著减少的代表站点基本分布在自治区南部,相反显著增加的代表站点全部分布在自治区北部,这说明近 60 年来宁夏北部实测年径流量呈现显著增加趋势,而南部实测年径流量则呈现显著减少趋势。9 个代表水文站点中,韩府湾站实测年径流量序列的 Mann-Kendall 检验统计量 $Z_c = -4.982$,变化速率 $\beta = -95.208$ 万 m^3/a,实测年径流量减少趋势最为显著,且减少速度最快。郭家桥站实测年径流量序列的 Mann-Kendall 检验统计量 $Z_c = 7.028$,变化速率 $\beta = 217.588$ 万 m^3/a,实测年径流量增加趋势最为显著,增加速度最快。各站点中实测径流量年际变化如图 2-4 所示,2021 年之前的近几十年来,韩府湾站实测径流年际变化最大,变差系数 $C_v = 0.875$,其次是固原(原州)站,变差系数 $C_v = 0.860$,泾河源站实测径流年际变化最小,变差系数 $C_v = 0.441$,其余站点实测径流量变异系数 C_v 值在 0.400 ~ 0.600。

表 2-2　宁夏代表水文站点实测年径流量趋势检验统计量

站点	Mann-Kendall 趋势分析统计量 Z_c	Mann-Kendall 趋势分析变化速率 $\beta/($万 $m^3/a)$	Pettitt 突变年份/年 ($p<0.05$)	径流量变差系数 C_v
固原(原州)	-4.824^*	-24.686	1995^*	0.860
郭家桥	7.028^*	217.588	1988^*	0.609
韩府湾	-4.982^*	-95.208	1987^*	0.875
泾河源	-0.932	-24.070	1994	0.441
隆德	-2.777^*	-7.135	1997^*	0.599
鸣沙洲	4.181^*	22.881	1988^*	0.452
彭阳	-3.705^*	-61.028	1996^*	0.543
泉眼山	1.760	69.708	1993^*	0.558

注:* 表示通过 0.05 显著性水平检验。

(a)固原(原州)

图 2-4　各站点实测累积流量年际变化过程

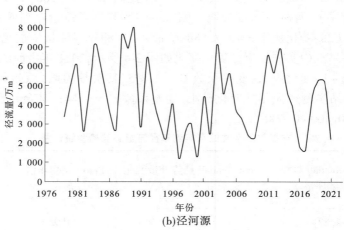

(b)泾河源

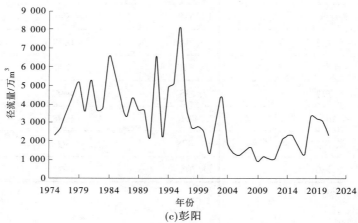

(c)彭阳

(d)郭家桥

续图 2-4

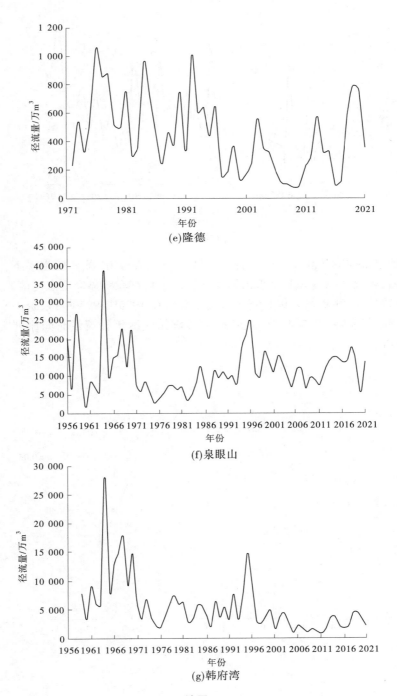

(e)隆德

(f)泉眼山

(g)韩府湾

续图 2-4

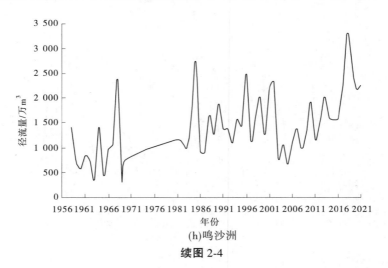

(h)鸣沙洲

续图 2-4

　　由 Pettitt、Mann-Kendall 突变检验分析(见图 2-5),在 0.05 的检验水平下,固原、郭家桥、韩府湾、隆德、鸣沙洲、彭阳、泉眼山站实测径流量均存在明显突变点。固原站、韩府湾站、隆德站、彭阳站实测年径流量时间序列突变发生在 1995~1997 年;泉眼山实测年径流量时间序列突变发生在 1993 年;郭家桥站、鸣沙洲站实测年径流量时间序列突变均发生在 1988 年左右。

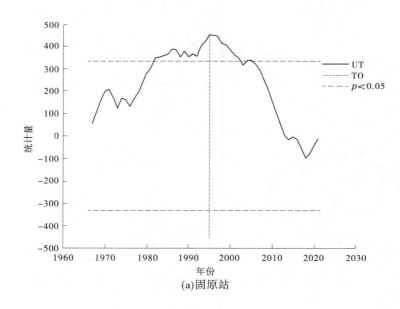

(a)固原站

图 2-5　各突变站点实测径流量 Pettitt 突变检验统计曲线

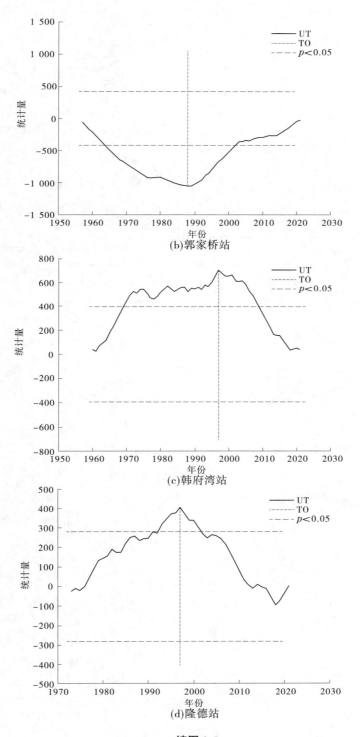

(b)郭家桥站

(c)韩府湾站

(d)隆德站

续图 2-5

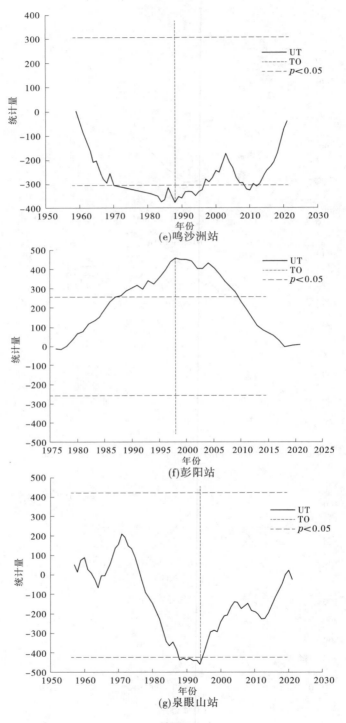

(e)鸣沙洲站

(f)彭阳站

(g)泉眼山站

续图 2-5

第四节　水资源总量变化

宁夏水资源总量为 11.196 亿 m³,平均产水模数 2.16 万 m³/km²,其中地表水资源量 9.056 亿 m³,地表水与地下水不重复计算量 2.14 亿 m³。各流域、行政分区水资源总量的分布极不均匀,产水模数行政分区最大、最小相差 37.9 倍,流域最大、最小相差 22.1 倍。各县(市、区)水资源总量中,产水模数以泾源县最大,为 17.8 万 m³/km²,红寺堡区最小,为 0.5 m³/km²;各流域以泾河最大,为 6.4 万 m³/km²,黄右最小,为 0.29 m³/km²。

以水资源三级区套地市为单元,分析宁夏各地区 1956~2016 年的水资源总量变化趋势。各单元水资源总量时间序列分析结果见表 2-3。60 多年来,全区大部分地区水资源变化幅度不大,只有固原市水资源总量变化十分明显。固原市整体水资源总量呈现显著减少的趋势,其中泾河张家山以上分区:固原部分是全区水资源总量减少最快的地区,石嘴山水资源总量也呈现减少的趋势,但并不显著,吴忠、中卫的大部分地区水资源总量呈现并不显著的增加趋势,银川水资源总量有较为明显的增加。各分区中,兰州至下河沿分区:固原、中卫部分均呈减少趋势,中卫部分显著减少,变化速率为-1.57 万 m³/a;清水河与苦水河分区:银川、吴忠部分有增加趋势,固原、中卫部分有减少趋势,且固原部分显著减少,变化速率为-86.55 万 m³/a;下河沿至石嘴山分区:吴忠、中卫部分有增加趋势,银川、石嘴山部分则呈现减少趋势,变化并不显著;泾河张家山以上分区:吴忠、固原均呈现减少趋势,固原部分显著减少,变化速率是各单元中最快的,为-207.48 万 m³/a;渭河宝鸡峡以上分区水资源总量显著减少,变化速率为-131.38 万 m³/a;内流区与石羊河流域水资源总量呈现不明显的增加趋势。

通过 Pettitt 突变检验分析(见图 2-6)得知,兰州至下河沿中卫部分、清水河与苦水河银川部分、清水河与苦水河固原部分、泾河张家山以上固原部分、渭河宝鸡峡以上分区水资源总量 60 年来发生明显突变。其中除清水河与苦水河银川部分外,其余部分均有显著减少的趋势。图 2-7 显示了各分区水资源总量突变前后的变化趋势。兰州至下河沿中卫部分水资源总量突变发生在 2000 年,突变前 UF 曲线整体较为平稳,说明水资源总量整体变化幅度较为平稳,突变后曲线开始下降直至超过显著性水平临界值,说明水资源总量减少幅度变大,直至出现显著性减少。清水河与苦水河银川部分水资源总量突变发生在 1968 年,突变前水资源总量变化幅度不大,有减少趋势,突变后曲线开始上升,说明水资源总量在突变后有增加趋势,且在 1980 年前后、1990~2010 年有显著增加趋势。清水河与苦水河固原部分、泾河至张家山以上固原部分、渭河宝鸡峡以上分区水资源总量突变分别发生在 2000 年、1997 年、1995 年,与兰州至下河沿中卫部分突变情形相似,突变前水资源总量变化较为稳定,突变之后减少幅度变大,直至出现显著性减少。

表 2-3　各单元 1956~2016 年水资源总量时间序列分析结果

水资源三级区	地市	Mann-Kendall 趋势分析 统计量 Z_c	Mann-Kendall 趋势分析 变化速率 β/（万 m^3/a）	突变年份 （Pettitt）/年
兰州至下河沿	固原	-0.73	-1.40	1970
兰州至下河沿	中卫	-3.11	-1.57	2000*
清水河与苦水河	银川	1.02	0.67	1968*
清水河与苦水河	吴忠	1.11	14.96	1988
清水河与苦水河	固原	-3.69	-86.55	2000*
清水河与苦水河	中卫	-1.16	-22.26	2004
下河沿至石嘴山	银川	-0.33	-9.19	1980
下河沿至石嘴山	石嘴山	-1.77	-43.55	1980
下河沿至石嘴山	吴忠	0.43	5.69	1989
下河沿至石嘴山	中卫	1.33	9.82	1995
泾河张家山以上	吴忠	-1.08	-2.37	1969
泾河张家山以上	固原	-2.73	-207.48	1997*
渭河宝鸡峡以上	固原	-3.64	-131.38	1995*
内流区	吴忠	0.98	2.19	1989
石羊河	中卫	0.26	0.26	2001

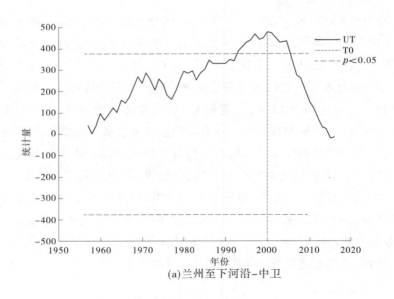

(a)兰州至下河沿-中卫

图 2-6　突变单元水资源总量系列 Pettitt 统计量曲线

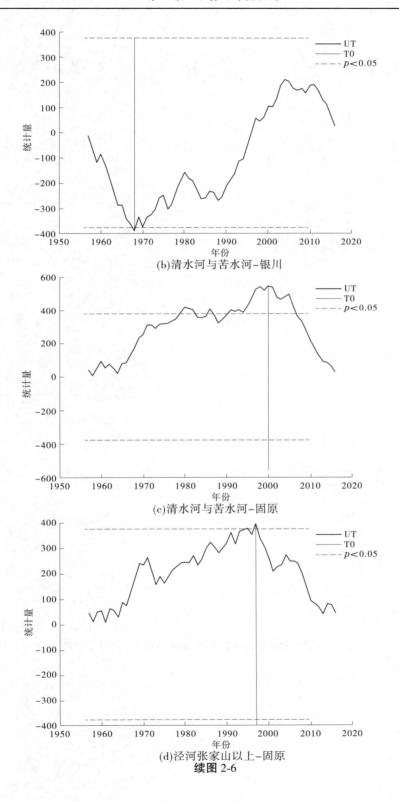

(b)清水河与苦水河–银川

(c)清水河与苦水河–固原

(d)泾河张家山以上–固原

续图 2-6

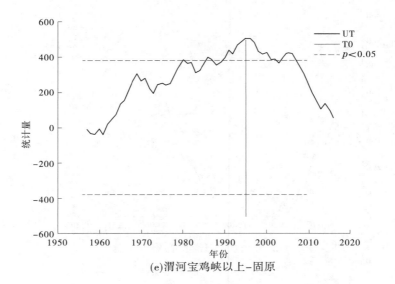

(e)渭河宝鸡峡以上–固原

续图 2-6

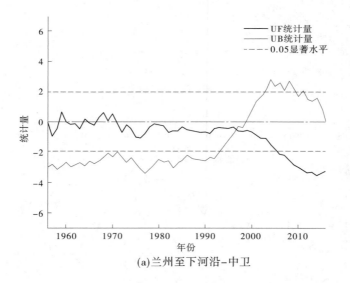

(a)兰州至下河沿–中卫

图 2-7　突变单元水资源总量系列 Mann-Kendall 统计量曲线

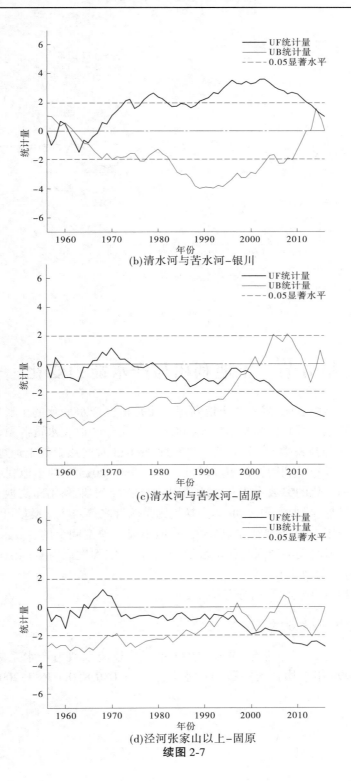

(b)清水河与苦水河-银川

(c)清水河与苦水河-固原

(d)泾河张家山以上-固原

续图 2-7

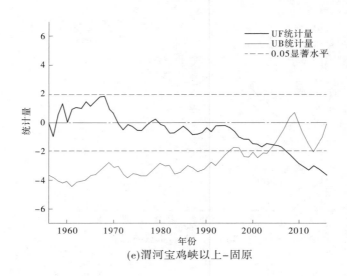

(e)渭河宝鸡峡以上–固原

续图 2-7

第五节　土地利用与产水能力变化

已有大量研究结果表明,降水与土地利用变化是地区产水变化的主要影响因素。以水资源三级分区套地市行政区为基本单元,利用各单元分区地表水资源量、水资源总量、降水量数据计算出径流系数、产水系数。并通过 ArcGIS 对遥感影像土地进行重分类、融合、相交处理,并形成土地利用转移矩阵,解译宁夏 1980~2015 年的土地利用变化。

衡量土地利用变化的参数主要有土地利用总交换量、土地利用净交换量。总交换量是指各土地类型增加、减少面积之和,净交换量则是两者之差。净交换量可以反映地区在一定时期内土地利用类型、数量上的转换关系,但不能反映空间上的变换关系,而总交换量加总土地类型在该时期的转入与转出数量,能够在一定程度反映空间上的土地转换关系,因此两者互为补充。

宁夏 1980~2018 年土地利用分布见图 2-8。

一、兰州至下河沿分区

兰州至下河沿分区固原部分 1956~1979 年平均径流系数与产水系数为 0.040 9、0.040 9,1980~1999 年平均径流系数与产水系数为 0.036 8、0.036 7,2000~2016 年为 0.036 6、0.036 6。

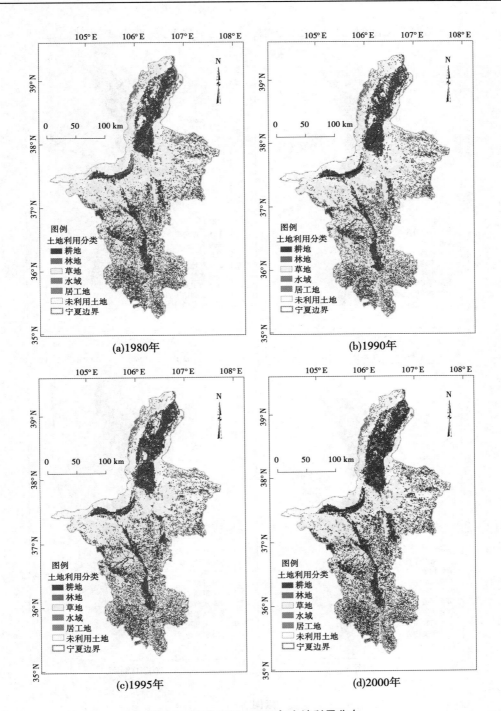

图 2-8　宁夏 1980~2018 年土地利用分布

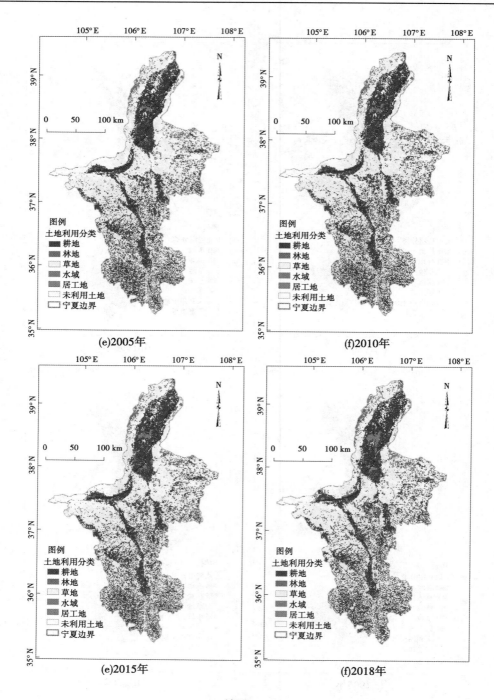

(e)2005年　　　　　　　　　　(f)2010年

(e)2015年　　　　　　　　　　(f)2018年

续图 2-8

在土地利用方面,兰州至下河沿分区固原部分,1980～2015 年草地与旱地是土地利用转换的主要地类,总交换量分别占该部分计算面积的 16.66%、14.61%。草地减少面积占比 14.55%,增加面积占比 2.11%;旱地增加面积占比 13.20%,减少面积占比 1.41%,旱地面积主要与低覆盖度草地面积发生交换。从净交换量来看,旱地和各种林地是增加面积,而低覆盖度草地、水库坑塘、滩地是主要减少面积。土地利用转换带来该地区的径流系数和产水系数出现小幅度的减小,1980～1999 年平均径流系数与产水系数为 0.036 8、0.036 7,降幅在 0.5%。

1980～2015 年兰州至下河沿分区固原部分土地利用转移矩阵见表 2-4。

表 2-4　1980～2015 年兰州至下河沿分区固原部分土地利用转移矩阵　　　　　%

2015 年 1980 年	旱地	林地	草地	水面	人工地表
旱地	32.87	0.19	1.15	0.01	0.05
林地	0.01	1.14	0.02	0	0
草地	13.13	0.54	49.71	0.03	0.05
水面	0.04	0	0.12	0.33	0
人工地表	0.02	0	0.01	0	0.57
增加面积	13.20	0.73	2.11	0.10	0.10
减少面积	1.41	0.03	14.55	0.21	0.03
总交换量	14.61	0.76	16.66	0.31	0.13
净交换量	11.79	0.70	−12.44	−0.11	0.07

兰州至下河沿分区中卫市部分 1956～1979 年平均径流系数与产水系数为 0.056 2、0.056 2,1980～1999 年平均径流系数与产水系数为 0.050 6、0.0506,2000～2016 年平均径流系数与产水系数为 0.037 6、0.037 6。

土地利用方面,兰州至下河沿分区中卫市部分,1980～2015 年旱地与低覆盖度草地是土地利用转换的主要地类,总交换量分别占该部分计算面积的 32.15%、34.82%。旱地减少面积占比 7.18%,增加面积占比 26.97%;覆盖度草地增加面积占比 8.44%,减少面积占比 26.38%,旱地面积主要与低覆盖度草地面积发生交换。从净交换量来看,旱地面积增加,草地面积减少。土地利用变化带来中卫部分同时期平均径流系数与产水系数的减小,分别从 1980～1999 年的 0.050 6、0.050 6 减小至 2000～2016 年的 0.037 6、0.037 6,较固原部分下降明显,降幅在 26% 左右。

1980～2015 年兰州至下河沿分区中卫部分土地利用转移矩阵见表 2-5。

表 2-5　1980~2015 年兰州至下河沿分区中卫部分土地利用转移矩阵　　　　%

2015 年 1980 年	旱地	林地	草地	人工地表
旱地	16.30	0	7.17	0.01
林地	0	0.45	0.03	0
草地	24.96	0.01	50.37	0
人工地表	0	0	0.01	0.20
增加面积	24.97	0.19	8.44	0.01
减少面积	7.18	0.03	26.38	0.01
总交换量	32.15	0.22	34.82	0.02
净交换量	17.79	0.16	−17.94	0.000 1

二、清水河与苦水河分区

清水河与苦水河分区吴忠部分 1956~1979 年平均径流系数与产水系数为 0.016 8、0.016 8,1980~1999 年平均径流系数与产水系数为 0.018 1、0.018 2,2000~2016 年平均径流系数与产水系数为 0.018 3、0.018 3。

土地利用方面,清水河与苦水河分区吴忠市部分,1980~2015 年耕地(水田与旱地)与草地是土地利用转换的主要地类,总交换量分别占该部分计算面积的 12.83%、19.39%。耕地(水田与旱地)主要与草地发生面积交换。从净交换量来看,草地与河渠为主要减少面积,各类耕地、林地、农村居民点与建设地为主要增加面积。土地利用变化导致吴忠部分平均径流系数与产水系数呈现出增大的趋势,增幅在 9% 左右。

1980~2015 年清水河与苦水河吴忠部分土地利用转移矩阵见表 2-6。

表 2-6　1980~2015 年清水河与苦水河吴忠部分土地利用转移矩阵　　　　%

2015 年 1980 年	耕地	林地	草地	水面	人工地表	未利用地
耕地	25.71	0.36	1.92	0.06	0.63	0.44
林地	0.08	1.79	0.07	0	0.02	0.10
草地	8.06	1.96	48.24	0.07	0.90	1.42
水面	0.27	0.01	0.02	0.45	0	0.01
人工地表	0.05	0	0.01	0	0.85	0
未利用地	0.84	0.22	0.35	0.05	0.17	4.86
增加面积	9.36	2.61	4.68	0.37	1.73	2.00
减少面积	3.47	0.34	14.71	0.50	0.07	1.66
总交换量	12.83	2.95	19.39	0.87	1.80	3.66
净交换量	5.89	2.27	−10.03	−0.13	1.66	0.34

清水河与苦水河分区固原部分 1956～1979 年平均径流系数与产水系数为 0.073 5、0.073 5,1980～1999 年平均径流系数与产水系数为 0.070 5、0.070 5,2000～2016 年平均径流系数与产水系数为 0.042 8、0.042 8。

土地利用方面,1980～2015 年草地与旱地是土地利用转换的主要地类,总交换量分别占该部分计算面积的 14.20%、10.89%。旱地主要与草地发生面积交换。从净交换量来看,草地为主要减少面积,耕地、农村居民点、建设用地以及林地为主要增加面积。土地利用变化带来同时期平均径流系数与产水系数的明显减小,降幅达 39%。

1980～2015 年清水河与苦水河固原部分土地利用转移矩阵见表 2-7。

表 2-7　1980～2015 年清水河与苦水河固原部分土地利用转移矩阵　　　　%

2015 年 1980 年	旱地	林地	草地	水面	人工地表	未利用地
旱地	35.82	0.46	2.45	0.18	1.44	0.03
林地	0.52	5.73	0.12	0.01	0.08	0
草地	5.64	1.00	42.10	0.07	0.11	0.04
水面	0.03	0.01	0.05	0.96	0.02	0.01
人工地表	0.07	0.01	0.01	0	2.13	0
未利用地	0.08	0	0	0	0	0.03
增加面积	6.33	1.47	4.97	0.44	1.69	0.09
减少面积	4.56	0.72	9.23	0.13	0.29	0.08
总交换量	10.89	2.19	14.20	0.57	1.98	0.17
净交换量	1.77	0.75	−4.26	0.31	1.40	0.01

清水河与苦水河分区中卫市部分 1956～1979 年平均径流系数与产水系数为 0.034 7、0.034 7,1980～1999 年平均径流系数与产水系数为 0.033 0、0.033 1,2000～2016 年平均径流系数与产水系数为 0.028 5、0.028 6。

土地利用方面,1980～2015 年耕地与草地是土地利用转换的主要地类,总交换量分别占该部分计算面积的 13.17%、15.64%。旱地主要与中覆盖度草地发生面积交换。从净交换量来看,草地、水田、滩地、盐碱地为主要减少面积,旱地与农村居民点为主要增加面积。而随之带来 2000～2016 年平均径流系数与产水系数平均值的减小,降幅在 14%。

1980～2015 年清水河与苦水河中卫部分土地利用转移矩阵见表 2-8。

表 2-8　　1980~2015 年清水河与苦水河中卫部分土地利用转移矩阵　　　　　%

2015 年 1980 年	耕地	林地	草地	水面	人工地表	未利用地
耕地	29.49	0.50	3.61	0.15	0.58	0.66
林地	0.17	1.55	0.05	0.01	0.03	0.01
草地	5.96	0.63	52.23	0.12	0.10	1.00
水面	0.57	0.02	0.09	1.08	0.03	0.01
人工地表	0.09	0	0.01	0	0.69	0.00
未利用地	0.25	0.01	0	0	0.01	0.31
增加面积	7.35	1.16	5.80	0.51	0.76	1.67
减少面积	5.82	0.26	9.84	0.82	0.22	0.28
总交换量	13.17	1.42	15.64	1.33	0.98	1.95
净交换量	1.53	0.90	−4.04	−0.31	0.54	1.39

清水河与苦水河分区银川部分 1956~1979 年平均径流系数与产水系数为 0.013 8、0.013 7,1980~1999 年平均径流系数与产水系数为 0.019 3、0.019 4,2000~2016 年平均径流系数与产水系数为 0.011 2、0.011 2。

土地利用方面,1980~2015 年草地及未利用地是土地利用转换的主要地类,总交换量分别占该部分计算面积的 17.73%、9.35%。草地主要与未利用地、耕地发生面积交换。从净交换量来看,草地、灌木林为主要减少面积,其他林地、耕地、盐碱地与建设用地为主要增加面积。随之带来 2000~2016 年平均径流系数与产水系数平均值较之上一时期出现较大幅度的减小,降幅在 42%。

1980~2015 年清水河与苦水河银川部分土地利用转移矩阵见表 2-9。

表 2-9　　1980~2015 年清水河与苦水河银川部分土地利用转移矩阵　　　　　%

2015 年 1980 年	耕地	林地	草地	水面	人工地表	未利用地
耕地	1.31	0.06	1.13	0.10	0.14	0
林地	0	5.45	0.04	0.04	0.06	2.39
草地	1.86	2.02	61.98	0.39	1.08	3.26
水面	0	0	0	0.44	0	0.03
人工地表	0	0	0	0	0.56	0
未利用地	1.40	0.07	1.70	0.23	0.26	14.00
增加面积	3.50	2.14	6.00	0.82	1.54	5.69
减少面积	1.65	2.54	11.73	0.10	0.01	3.66
总交换量	5.15	4.68	17.73	0.92	1.55	9.35
净交换量	1.85	−0.40	−5.73	0.72	1.53	2.03

三、下河沿至石嘴山分区

下河沿至石嘴山分区银川市部分 1956~1979 年平均径流系数与产水系数为 0.072 0、0.072 0，1980~1999 年平均径流系数与产水系数为 0.073 0、0.073 0，2000~2016 年平均径流系数与产水系数为 0.065 6、0.065 6。

土地利用方面，1980~2015 年草地与耕地是土地利用转换的主要地类，总交换量分别占该部分计算面积的 20.01%、16.07%。其中未利用地、草地主要与耕地发生面积交换。从净交换量来看，草地、未利用地等面积减少，各类耕地、人工地表等面积增加。土地利用变换带来平均径流系数与产水系数的减小，2000~2016 年均值较上一时期均值减小10%。

1980~2015 年下河沿至石嘴山分区银川部分土地利用转移矩阵见表 2-10。

表 2-10 1980~2015 年下河沿至石嘴山分区银川部分土地利用转移矩阵　　　%

2015年 1980年	耕地	林地	草地	水面	人工地表	未利用地
耕地	26.99	4.96	1.20	0.44	2.84	0.31
林地	0.16	5.95	0.30	0.03	0.15	0.04
草地	4.16	2.17	23.49	0.67	1.70	4.17
水面	1.28	0.11	0.26	2.57	0.18	0.23
人工地表	0.25	0.03	0.02	0.01	2.90	0.00
未利用地	4.55	1.86	1.94	0.54	0.62	10.93
增加面积	10.78	4.52	6.18	2.02	5.55	5.00
减少面积	5.29	2.60	13.83	2.35	0.34	8.14
总交换量	16.07	7.12	20.01	4.37	5.89	13.14
净交换量	5.49	1.92	-7.65	-0.33	5.21	-3.14

下河沿至石嘴山分区石嘴山部分 1956~1979 年平均径流系数与产水系数为 0.113 2、0.113 3，1980~1999 年平均径流系数与产水系数为 0.115 3、0.115 3，2000~2016 年平均径流系数与产水系数为 0.091 7、0.091 7。

土地利用方面，1980~2015 年草地与耕地是土地利用转换的主要地类，总交换量分别占该部分计算面积的 21.52%、9.24%。草地主要与耕地、未利用地发生面积交换。从净交换量来看，各类草地、砂石盐碱地、河渠是主要减少面积，城镇建设用地、各类耕地是主要增加面积。随之带来平均径流系数与产水系数的减小，2000~2016 年均值较上一时期均值减小 21%。

1980~2015 年下河沿至石嘴山分区石嘴山部分土地利用转移矩阵见表 2-11。

表 2-11　1980~2015 年下河沿至石嘴山分区石嘴山部分土地利用转移矩阵　　　　%

1980 年＼2015 年	耕地	林地	草地	水面	人工地表	未利用地
耕地	26.72	0.12	0.36	0.53	1.47	0.37
林地	0.67	5.98	0.36	0.07	0.30	0.06
草地	3.11	0.73	29.42	1.49	3.25	1.06
水面	1.35	0.13	0.86	3.89	0.15	0.33
人工地表	0.17	0.01	0.02	0.01	3.75	0.01
未利用地	0.76	0.14	2.30	0.46	1.45	8.13
增加面积	6.23	1.36	7.89	3.29	6.68	1.94
减少面积	3.01	1.70	13.63	3.55	0.27	5.22
总交换量	9.24	3.06	21.52	6.84	6.95	7.16
净交换量	3.22	−0.34	−5.74	−0.26	6.41	−3.28

下河沿至石嘴山分区吴忠部分 1956~1979 年平均径流系数与产水系数为 0.031 3、0.031 3,1980~1999 年平均径流系数与产水系数为 0.031 2、0.031 2,2000~2016 年平均径流系数与产水系数为 0.032 5、0.032 5。

土地利用方面,1980~2015 年草地与耕地是土地利用转换的主要地类,总交换量分别占该部分计算面积的 14.23%、12.53%。草地主要与耕地发生面积交换。从净交换量来看,各类林地与河渠为主要减少面积,各类耕地、裸土地与城镇建设用地为主要增加面积。土地利用变化带来地区平均径流系数与产水系数的增大,2000~2016 年均值较上一时期均值增大 4%。

1980~2015 年下河沿至石嘴山分区吴忠部分土地利用转移矩阵见表 2-12。

表 2-12　1980~2015 年下河沿至石嘴山分区吴忠部分土地利用转移矩阵　　　　%

1980 年＼2015 年	耕地	林地	草地	水面	人工地表	未利用地
耕地	21.48	0.24	1.49	0.12	1.62	0.60
林地	0.37	5.27	0.44	0.01	0.16	0.11
草地	4.70	0.27	37.49	0.23	0.69	2.44
水面	1.32	0.04	0.51	2.35	0.01	0.16
人工地表	0.33	0.01	0.01	0	2.81	0
未利用地	1.24	0.48	0.87	0.03	0.43	11.67
增加面积	8.22	1.07	4.60	1.00	2.95	3.47
减少面积	4.31	1.11	9.63	2.66	0.39	3.21
总交换量	12.53	2.18	14.23	3.66	3.34	6.68
净交换量	3.91	−0.04	−5.03	−1.66	2.56	0.26

下河沿至石嘴山分区中卫部分 1956~1979 年平均径流系数与产水系数为 0.026 1、0.026 1,1980~1999 年平均径流系数与产水系数为 0.026 5、0.026 5,2000~2016 年平均

径流系数与产水系数为 0.031 6、0.031 6。

土地利用方面,1980~2015 年草地与耕地是土地利用转换的主要地类,总交换量分别占该部分计算面积的 11.84%、9.33%。耕地面积主要与草地面积发生交换。从净交换量来看,各类砂石、盐碱地及草地是主要减少面积,耕地、建设用地及灌木林是主要增加面积。土地利用变化导致平均径流系数与产水系数呈现逐渐减小的趋势,两者在 2000~2016 年较上一时期减少 19%。

1980~2015 年下河沿至石嘴山分区中卫部分土地利用转移矩阵见表 2-13。

表 2-13　1980~2015 年下河沿至石嘴山分区中卫部分土地利用转移矩阵　　　　%

2015 年 / 1980 年	耕地	林地	草地	水面	人工地表	未利用地
耕地	16.80	0.03	0.34	0.15	0.72	0.74
林地	0.05	1.30	0.03	0.02	0.03	0.02
草地	5.16	0.47	44.04	0.14	1.08	1.96
水面	0.58	0	0.05	1.90	0.01	0.01
人工地表	0.10	0.02		0.01	1.23	0
未利用地	1.29	0.45	0.83	0.07	0.64	19.73
增加面积	7.26	0.99	2.14	0.67	2.50	3.54
减少面积	2.07	0.17	9.70	0.93	0.14	4.10
总交换量	9.33	1.16	11.84	1.60	2.63	7.64
净交换量	5.19	0.82	-7.56	-0.26	2.36	-0.56

四、泾河张家山以上分区

泾河张家山以上分区吴忠部分 1956~1979 年平均径流系数与产水系数为 0.033 0、0.033 0,1980~1999 年平均径流系数与产水系数为 0.031 1、0.031 1,2000~2016 年平均径流系数与产水系数为 0.030 9、0.030 9。泾河张家山以上分区固原部分 1956~1979 年平均径流系数与产水系数为 0.145 8、0.145 7,1980~1999 年平均径流系数与产水系数为 0.143 8、0.143 8,2000~2016 年平均径流系数与产水系数为 0.121 4、0.121 4。

土地利用方面,泾河张家山以上分区固原部分,1980~2015 年耕地与草地是土地利用转换的主要地类,总交换量分别占该部分计算面积的 4.17%、4.02%。耕地主要与草地发生面积交换。从净交换量来看,草地、耕地为主要减少面积,各类林地、农村居民点、城镇建设用地为主要增加面积。泾河张家山以上分区吴忠市部分,1980~2015 年草地与耕地是土地利用转换的主要地类,总交换量分别占该部分计算面积的 8.15%、6.98%。旱地主要与草地发生面积交换。从净交换量来看,减少的主要面积为草地,增加的主要面积为耕地、农村居民点、各类林地面积,导致各部分平均径流系数与产水系数呈现减小的趋势。吴忠部分平均径流系数与产水系数 1980~1999 年较上一时期减少 6%,2000~2016 年较上一时期减少 1%;固原部分平均径流系数与产水系数 1980~1999 年较上一时期减少

1%,2000~2016 年较上一时期减少 16%。

1980~2015 年泾河张家山以上分区吴忠部分、固原部分土地利用转移矩阵分别见表 2-14、表 2-15。

表 2-14　1980~2015 年泾河张家山以上分区吴忠部分土地利用转移矩阵　　　%

2015 年 1980 年	耕地	林地	草地	人工地表
耕地	45.87	0.75	0.78	0.01
林地	0.05	0.45	0.01	0
草地	2.57	0.02	48.85	0.01
人工地表	0.01	0	0.01	0.51
增加面积	2.62	0.77	1.16	0.53
减少面积	1.54	0.06	2.86	0
总交换量	4.17	0.83	4.02	0.53
净交换量	1.08	0.71	−1.70	0.53

表 2-15　1980~2015 年泾河张家山以上分区固原部分土地利用转移矩阵　　　%

2015 年 1980 年	耕地	林地	草地	水面	人工地表	未利用地
耕地	34.10	0.50	2.63	0.04	0.39	0.03
林地	0.67	9.88	0.18	0.01	0.01	0
草地	2.98	0.68	47.54	0.09	0.06	0.02
水面	0.02	0	0.01	0.31	0	0.02
人工地表	0.04	0	0.01	0	0.51	0
增加面积	3.35	1.44	3.63	0.15	0.46	0.08
减少面积	3.63	0.53	4.52	0.08	0.05	0
总交换量	6.98	1.97	8.15	0.23	0.51	0.08
净交换量	−0.28	0.91	−0.89	0.07	0.41	0.08

五、渭河宝鸡峡以上分区

渭河宝鸡峡以上分区 1956~1979 年平均径流系数与产水系数为 0.104 3、0.104 3,1980~1999 年平均径流系数与产水系数为 0.095 7、0.095 7,2000~2016 年平均径流系数与产水系数为 0.074 1、0.074 1。

土地利用方面,渭河宝鸡峡分区 1980~2015 年草地与耕地是土地利用转换的主要地类,总交换量分别占该部分计算面积的 13.11%、11.33%。旱地主要与中、低覆盖度草地发生面积交换。从净交换量来看,低覆盖度草地为主要减少面积,旱地、中覆盖度草地为主要增加面积。土地利用变化带来渭河宝鸡峡以上分区整体平均径流系数与产水系数呈现减小的趋势。平均径流系数与产水系数 1980~1999 年较上一时期减少 8%,2000~2016 年较上一时期减少 23%。

1980~2015 年渭河宝鸡峡以上分区土地利用转移矩阵见表 2-16。

表 2-16　1980~2015 年渭河宝鸡峡以上分区土地利用转移矩阵　　　　　%

2015 年 1980 年	耕地	林地	草地	水面	人工地表	未利用地
耕地	49.20	0.24	3.03	0.18	0.66	0.01
林地	0.02	2.03	0.04	0.01	0.01	0
草地	6.91	0.19	34.23	0.12	0.11	0
水面	0.18	0	0.05	0.74	0	0
人工地表	0.11	0	0.02	0	1.89	0
未利用地	0	0	0	0	0	0.02
增加面积	7.21	0.47	4.46	0.35	0.78	0.01
减少面积	4.12	0.10	8.65	0.27	0.14	0
总交换量	11.33	0.57	13.11	0.62	0.92	0.01
净交换量	3.09	0.37	-4.19	0.08	0.64	0.01

六、内流区

内流区分区 1956~1979 年平均径流系数与产水系数为 0.013 4、0.013 4,1980~1999 年平均径流系数与产水系数为 0.012 7、0.012 7,2000~2016 年平均径流系数与产水系数为 0.012 2、0.012 2。

土地利用方面,内流区 1980~2015 年草地与耕地是土地利用转换的主要地类,总交换量分别占该部分计算面积的 12.3%、9.08%。耕地主要与草地发生面积交换。从净交换量来看,耕地、沙地为主要减少面积,其他林地、各类草地、建设用地为主要增加面积。土地利用变化带来内流区分区整体平均径流系数与产水系数呈现减小的趋势,1980~1999 年较上一时期减少 6%,2000~2016 年较上一时期减少 3%。

1980~2015 年内流区土地利用转移矩阵见表 2-17。

表 2-17　1980~2015 年内流区土地利用转移矩阵　　　　　　%

2015 年 1980 年	耕地	林地	草地	水面	人工地表	未利用地
耕地	19.52	1.41	4.57	0.01	0.50	0.18
林地	0.13	5.64	0.18	0	0.07	0.45
草地	1.90	0.13	43.67	0.13	0.56	1.84
水面	0	0	0	0.46	0	0.06
人工地表	0.01	0	0.01	0	0.95	0
未利用地	0.05	0.71	2.07	0.16	0.02	14.60
增加面积	2.25	2.28	7.32	0.76	1.15	2.54
减少面积	6.83	0.85	5.05	0.52	0.03	3.03
总交换量	9.08	3.13	12.37	1.28	1.18	5.57
净交换量	-4.58	1.43	2.27	0.24	1.12	-0.49

七、石羊河分区

石羊河分区 1956~1979 年平均径流系数与产水系数为 0.011 2、0.011 3,1980~1999 年平均径流系数与产水系数为 0.015 5、0.015 6,2000~2016 年平均径流系数与产水系数为 0.018 0、0.018 0。

土地利用方面,石羊河分区 1980~2015 年未利用地与草地是土地利用转换的主要地类,总交换量分别占该部分计算面积的 14.30%、3.79%。草地主要与未利用地发生面积交换。从净交换量来看,未利用地为主要减少面积,草地为主要增加面积。土地利用变化带来整体平均径流系数与产水系数呈现增大的趋势。1980~1999 年平均径流系数与产水系数较上一时期增大 39%,2000~2016 年较上一时期增大 16%。

1980~2015 年石羊河分区土地利用转移矩阵见表 2-18。

表 2-18　1980~2015 年石羊河分区土地利用转移矩阵　　　　　　%

2015 年 1980 年	林地	草地	水面	未利用地
林地	2.02	0	0	0.01
草地	0.48	16.14	0	0.79
水面	0	0	0.44	0.01
未利用地	0.67	2.48	0.09	76.88
增加面积	1.15	2.50	0.09	5.93
减少面积	0.01	1.29	0.01	8.37
总交换量	1.16	3.79	0.10	14.30
净交换量	1.14	1.21	0.08	-2.44

　　总体来看,宁夏全区草地、耕地与林地是 1980~2015 年土地利用转换的主要地类,总交换量分别占分计算面积的 10.95%、9.75%、5.13%。从净交换量看,草地、沙地为主要减少面积,耕地、建设用地、戈壁等为主要增加面积。

　　1980~1999 年这一时段各地区的径流系数与产水系数较前期有增有减,增大面积与减小面积各有 50%,减小地区的变化幅度要大于增大地区的变化幅度,由于土地利用变化,导致进入 21 世纪,较前期呈现减小趋势的地区开始增多,由之前面积占比在 50% 增加至 61% 左右,"减小"成为宁夏径流系数与产水系数的主要变化趋势。另外,1956~2016 年,宁夏大部分地区的径流系数与产水系数都在减小,面积占比也在 61%,其余呈现增大趋势的地区集中在吴忠市、中卫市。

　　各基本单元 1956~2016 年各时段径流系数与产水系数见表 2-19。

表 2-19　各基本单元 1956~2016 年各时段径流系数与产水系数

水资源三级区	地市	计算面积/ km²	统计年限	年数	径流系数 平均值	产水系数 平均值
兰州至 下河沿	固原	512	1956~1979	24	0.040 9	0.040 9
			1980~1999	20	0.036 8	0.036 7
			2000~2016	17	0.036 6	0.036 6
	中卫	85	1956~1979	24	0.056 2	0.056 2
			1980~1999	20	0.050 6	0.050 6
			2000~2016	17	0.037 6	0.037 6
清水河与 苦水河	银川	612	1956~1979	24	0.013 8	0.013 7
			1980~1999	20	0.019 3	0.019 4
			2000~2016	17	0.011 2	0.011 2
	吴忠	9 315	1956~1979	24	0.016 8	0.016 8
			1980~1999	20	0.018 1	0.018 2
			2000~2016	17	0.018 3	0.018 3
	固原	2 669	1956~1979	24	0.073 5	0.073 5
			1980~1999	20	0.070 5	0.070 5
			2000~2016	17	0.042 8	0.042 8
	中卫	7 936	1956~1979	24	0.034 7	0.034 7
			1980~1999	20	0.033 0	0.033 1
			2000~2016	17	0.028 5	0.028 6
下河沿至 石嘴山	银川	6 316	1956~1979	24	0.072 0	0.072 0
			1980~1999	20	0.073 0	0.073 0
			2000~2016	17	0.065 6	0.065 6

续表 2-19

水资源三级区	地市	计算面积/km²	统计年限	年数	径流系数平均值	产水系数平均值
下河沿至石嘴山	石嘴山	4 042	1956~1979	24	0.113 2	0.113 3
			1980~1999	20	0.115 3	0.115 3
			2000~2016	17	0.091 7	0.091 7
	吴忠	5 167	1956~1979	24	0.031 3	0.031 3
			1980~1999	20	0.031 2	0.031 2
			2000~2016	17	0.032 5	0.032 5
	中卫	5 100	1956~1979	24	0.026 1	0.026 1
			1980~1999	20	0.026 5	0.026 5
			2000~2016	17	0.031 6	0.031 6
泾河张家山以上	吴忠	781	1956~1979	24	0.033 0	0.033 0
			1980~1999	20	0.031 1	0.031 1
			2000~2016	17	0.030 9	0.030 9
	固原	4 147	1956~1979	24	0.145 8	0.145 7
			1980~1999	20	0.143 8	0.143 8
			2000~2016	17	0.121 4	0.121 4
渭河宝鸡峡以上	固原	3 281	1956~1979	24	0.104 3	0.104 3
			1980~1999	20	0.095 7	0.095 7
			2000~2016	17	0.074 1	0.074 1
内流区	吴忠	1 400	1956~1979	24	0.013 4	0.013 4
			1980~1999	20	0.012 7	0.012 7
			2000~2016	17	0.012 2	0.012 2
石羊河	中卫	407	1956~1979	24	0.011 2	0.011 3
			1980~1999	20	0.015 5	0.015 6
			2000~2016	17	0.018 0	0.018 0

第六节　地表水可利用水资源

　　水资源可利用量是从资源的角度分析可能被消耗利用的水资源量。地表水资源可利用量是指在可预见的时期内,在统筹考虑河道内生态环境和其他用水的基础上,通过经济合理、技术可行的措施,在流域(或水系)地表水资源量中,可供河道外生活、生产、生态用水的一次性最大水量(不包括回归水的重复利用)。水资源可利用总量是指在可预见的时期内,在统筹考虑生活、生产和生态环境用水的基础上,通过经济合理、技术可行的措施,在流域水资源总量中可资一次性利用的最大水量。

一、主要河流水资源可利用量

(一)清水河地表水资源可利用量估算

清水河把口站泉眼山水文站有较完整可靠的天然径流量和实测径流量系列,且其水资源开发利用程度相对较高,采用2001年以来中汛期最大的耗水量,作为控制汛期洪水下泄的水量 W_m。清水河汛期一般出现在6~9月,按6~9月统计分析汛期洪水量。

经过统计分析,2001~2016年清水河流域耗水量中,2016年最大,其汛期(6~9月)耗水量为3 477万 m^3。将该年汛期耗水量作为控制利用洪水的最大水量 W_m。

采用泉眼山站1956~2016年汛期天然水量系列,扣除泥沙淤积量,得出汛期洪水量系列。汛期洪水量中大于 W_m 的部分作为难以控制利用的洪水量,汛期洪水量小于或等于 W_m,则下泄洪水量为0。根据算出的下泄洪水量系列,计算多年平均汛期难以控制利用的洪水量。最后得出清水河多年平均汛期难以控制的洪水量为6 340万 m^3,见表2-20。

表2-20　清水河 $W_泄$ 计算表　　　　　　　　　单位:万 m^3

年份	6~9月天然径流量	W_m	$W_泄$	年份	6~9月天然径流量	W_m	$W_泄$
1956	18 141	3 477	14 664	1987	3 903	3 477	426
1957	5 161	3 477	1 684	1988	11 013	3 477	7 536
1958	25 416	3 477	21 939	1989	10 377	3 477	6 900
1959	12 648	3 477	9 171	1990	11 078	3 477	7 601
1960	2 772	3 477	0	1991	8 591	3 477	5 114
1961	6 176	3 477	2 699	1992	10 002	3 477	6 525
1962	6 450	3 477	2 973	1993	6 992	3 477	3 515
1963	4 921	3 477	1 444	1994	15 250	3 477	11 773
1964	34 861	3 477	31 384	1995	20 097	3 477	16 620
1965	6 123	3 477	2 646	1996	24 391	3 477	20 914
1966	11 367	3 477	7 890	1997	10 395	3 477	6 918
1967	10 037	3 477	6 560	1998	6 230	3 477	2 753
1968	18 252	3 477	14 775	1999	13 603	3 477	10 126
1969	8 318	3 477	4 841	2000	10 360	3 477	6 883
1970	19 259	3 477	15 782	2001	10 223	3 477	6 746
1971	6 894	3 477	3 417	2002	15 157	3 477	11 680

续表 2-20

年份	6~9月天然径流量	W_m	$W_泄$	年份	6~9月天然径流量	W_m	$W_泄$
1972	4 825	3 477	1 348	2003	13 637	3 477	10 160
1973	10 140	3 477	6 663	2004	7 525	3 477	4 048
1974	5 944	3 477	2 467	2005	2 906	3 477	0
1975	5 247	3 477	1 770	2006	6 000	3 477	2 523
1976	6 633	3 477	3 156	2007	8 318	3 477	4 841
1977	7 730	3 477	4 253	2008	1 432	3 477	0
1978	9 021	3 477	5 544	2009	5 818	3 477	2 341
1979	9 069	3 477	5 592	2010	4 990	3 477	1 513
1980	7 160	3 477	3 683	2011	4 172	3 477	695
1981	8 738	3 477	5 261	2012	7 269	3 477	3 792
1982	4 117	3 477	640	2013	10 484	3 477	7 007
1983	6 209	3 477	2 732	2014	7 989	3 477	4 512
1984	9 001	3 477	5 524	2015	8 106	3 477	4 629
1985	14 724	3 477	11 247	2016	7 880	3 477	4 403
1986	5 951	3 477	2 474	多年平均	9 762	3 477	6 340

根据以上计算结果,用清水河多年平均天然地表水资源量(1.740亿 m³)扣除河道内最小生态需水量(0.174亿 m³),再扣除汛期难以控制的洪水量(0.634 0亿 m³),计算出清水河多年平均情况下地表水资源可利用量为0.932 0亿 m³。

(二)葫芦河流域地表水资源可利用量估算

葫芦河流域水资源开发利用程度相对较高,采用2001~2016年中汛期最大的耗水量,作为控制汛期洪水下泄的水量 W_m。葫芦河流域汛期一般出现在6~9月,按6~9月统计分析汛期洪水量。

经过统计分析,2001~2016年葫芦河流域耗水量中,2002年最大,其汛期(6~9月)耗水量为4 673万 m³。将该年汛期耗水量作为控制利用洪水的最大水量 W_m。汛期难以控制的洪水下泄水量 $W_泄$ 计算方法同清水河流域,最后得出葫芦河多年平均汛期难以控制的洪水量为4 857万 m³,见表2-21。

表 2-21　葫芦河流域 $W_{泄}$ 计算表　　　　　　单位:万 m³

年份	6~9月天然径流量	W_m	$W_{泄}$	年份	6~9月天然径流量	W_m	$W_{泄}$
1956	8 678	4 673	4 005	1987	5 195	4 673	522
1957	7 594	4 673	2 921	1988	8 625	4 673	3 952
1958	8 536	4 673	3 863	1989	9 977	4 673	5 304
1959	11 575	4 673	6 902	1990	10 113	4 673	5 440
1960	7 148	4 673	2 475	1991	5 924	4 673	1 251
1961	22 332	4 673	17 659	1992	19 052	4 673	14 379
1962	11 217	4 673	6 544	1993	9 343	4 673	4 670
1963	11 223	4 673	6 550	1994	10 640	4 673	5 967
1964	21 947	4 673	17 274	1995	9 887	4 673	5 214
1965	10 873	4 673	6 200	1996	16 242	4 673	11 569
1966	14 655	4 673	9 982	1997	4 544	4 673	0
1967	17 503	4 673	12 830	1998	6 879	4 673	2 206
1968	12 150	4 673	7 477	1999	11 454	4 673	6 781
1969	6 652	4 673	1979	2000	8 152	4 673	3 479
1970	10 392	4 673	5 719	2001	9 117	4 673	4 444
1971	4 305	4 673	0	2002	10 218	4 673	5 545
1972	7 500	4 673	2 827	2003	13 591	4 673	8 918
1973	13 611	4 673	8 938	2004	8 357	4 673	3 684
1974	9 372	4 673	4 699	2005	8 609	4 673	3 936
1975	4 575	4 673	0	2006	7 430	4 673	2 757
1976	5 938	4 673	1 265	2007	8 406	4 673	3 733
1977	13 247	4 673	8 574	2008	5 181	4 673	508
1978	12 364	4 673	7 691	2009	3 211	4 673	0
1979	12 631	4 673	7 958	2010	5 505	4 673	832
1980	8 014	4 673	3 341	2011	4 777	4 673	104
1981	9 123	4 673	4 450	2012	5 076	4 673	403
1982	5 174	4 673	501	2013	11 206	4 673	6 533
1983	8 740	4 673	4 067	2014	5 328	4 673	655
1984	11 159	4 673	6 486	2015	4 058	4 673	0
1985	11 244	4 673	6 571	2016	3 313	4 673	0
1986	8 413	4 673	3 740	多年平均	9 464	4 673	4 857

　　根据以上计算结果,用葫芦河多年平均地表水资源量(1.413 亿 m³)扣除河道内最小生态需水量(0.141 亿 m³),再减去汛期难以控制的洪水量(0.485 7 亿 m³),计算出葫芦河流域多年平均情况下地表水资源可利用量为 0.786 3 亿 m³。

(三)泾河流域地表水资源可利用量估算

　　泾河流域地表水资源较为丰富,现状水资源开发利用程度较低、开发潜力较大。采用 2001~2016 年中汛期最大的耗水量,作为控制汛期洪水下泄的水量 W_m。泾河汛期一般出现在 6~9 月,按 6~9 月统计分析汛期洪水量。经过统计分析,2001~2016 年泾河流域耗水量中,2015 年最大,其汛期(6~9 月)耗水量为 1 990 万 m³。将该年汛期耗水量作为控制利用洪水的最大水量 W_m。

　　汛期难以控制的洪水下泄水量 $W_泄$ 计算方法同清水河流域,最后得出泾河多年平均汛期难以控制的洪水量为 1.562 2 亿 m³,见表 2-22。

表 2-22　泾河流域 $W_泄$ 计算表　　　　　　　　单位:万 m³

年份	6~9月天然径流量	W_m	$W_泄$	年份	6~9月天然径流量	W_m	$W_泄$
1956	21 557	1 990	19 567	1987	15 404	1 990	13 414
1957	10 455	1 990	8 465	1988	23 789	1 990	21 799
1958	19 397	1 990	17 407	1989	22 086	1 990	20 096
1959	14 972	1 990	12 982	1990	17 133	1 990	15 143
1960	9 770	1 990	7 780	1991	9 601	1 990	7 611
1961	24 734	1 990	22 744	1992	40 636	1 990	38 646
1962	13 321	1 990	11 331	1993	15 821	1 990	13 831
1963	11 575	1 990	9 585	1994	22 658	1 990	20 668
1964	33 008	1 990	31 018	1995	21 028	1 990	19 038
1965	12 787	1 990	10 797	1996	35 403	1 990	33 413
1966	29 299	1 990	27 309	1997	11 827	1 990	9 837
1967	23 556	1 990	21 566	1998	14 715	1 990	12 725
1968	25 235	1 990	23 245	1999	13 624	1 990	11 634
1969	13 133	1 990	11 143	2000	10 747	1 990	8 757
1970	18 080	1 990	16 090	2001	24 087	1 990	22 097
1971	8 215	1 990	6 225	2002	19 977	1 990	17 987
1972	7 724	1 990	5 734	2003	20 580	1 990	18 590
1973	18 953	1 990	16 963	2004	13 798	1 990	11 808
1974	11 545	1 990	9 555	2005	16 598	1 990	14 608
1975	17 273	1 990	15 283	2006	13 336	1 990	11 346

续表 2-22

年份	6~9月天然径流量	$W_{\text{可}}$	$W_{\text{泄}}$	年份	6~9月天然径流量	$W_{\text{可}}$	$W_{\text{泄}}$
1976	16 633	1 990	14 643	2007	6 610	1 990	4 620
1977	20 098	1 990	18 108	2008	7 934	1 990	5 944
1978	22 811	1 990	20 821	2009	8 161	1 990	6 171
1979	21 915	1 990	19 925	2010	16 117	1 990	14 127
1980	14 915	1 990	12 925	2011	15 040	1 990	13 050
1981	26 398	1 990	24 408	2012	11 319	1 990	9 329
1982	9 855	1 990	7 865	2013	27 335	1 990	25 345
1983	20 670	1 990	18 680	2014	12 418	1 990	10 428
1984	30 662	1 990	28 672	2015	10 027	1 990	8 037
1985	23 294	1 990	21 304	2016	7 395	1 990	5 405
1986	17 298	1 990	15 308	多年平均	17 612	1 990	15 622

根据以上计算结果,用泾河多年平均地表水资源量(3.115 0 亿 m³),减去河道最小生态需水量(0.312 0 亿 m³)和汛期难于控制的洪水量(1.562 2 亿 m³),计算出泾河多年平均情况下地表水资源可利用量为 1.240 8 亿 m³。

二、区域水资源可利用量

宁夏地区各河流中,清水河、葫芦河、泾河水资源量相对较为丰富、水质较好,现状开发利用程度较高,3 条河流多年平均地表水资源量 6.269 亿 m³,占全区地表水资源量的69.2%;引黄灌区地表水资源量 1.50 亿 m³,由于不能拦蓄而无法利用;其他各支流如红柳沟、苦水河、祖厉河及黄河两岸地区水资源量相对较少,仅占 14%,大部分是径流深小于 5 mm 的资源量且矿化度很高,水资源开发利用程度很低。因此,宁夏地表水资源可利用量估算只计算清水河、葫芦河、泾河 3 条河流的水资源可利用量,以 3 条河流水资源可利用量之和作为宁夏地表水资源可利用量。

(一) 当地地表水资源可利用量

宁夏多年平均地表水资源可利用量为 2.959 亿 m³。根据《黄河水利委员会、宁夏回族自治区水利厅关于渭河、泾河水量分配方案协调会议纪要》(简称《纪要》),分配宁夏葫芦河耗水量指标 0.70 亿 m³,泾河耗水量指标 0.76 亿 m³。

宁夏当地地表水资源可利用量汇总见表 2-23。

表 2-23　宁夏当地地表水资源可利用量汇总

河流	多年平均天然径流量/亿 m³	汛期洪水弃水量/亿 m³	河道内生态需水量/亿 m³	多年平均地表水可利用量/亿 m³	《纪要》指标/亿 m³	采用多年平均地表水可利用量/亿 m³	地表水资源可利用率/%
清水河	1.740	0.634	0.174	0.932		0.932	54
葫芦河	1.413	0.486	0.141	0.786	0.70	0.700	50
泾河	3.115	1.562	0.312	1.241	0.76	0.760	24
合计	6.268	2.682	0.627	2.959		2.392	38

（二）地表水可取用量与可耗水量

根据 2013 年《国务院办公厅关于印发实行最严格水资源管理制度考核办法的通知》（国办发〔2013〕2 号）中按取水口径分配给宁夏取用水总量 2020 年为 73.27 亿 m³，其中地表水 66.45 亿 m³，则可取用的地表水为 66.45 亿 m³，包括当地地表水可利用量。

1987 年，国务院批准的黄河水资源分配使用方案，在南水北调工程生效前，宁夏可耗用黄河过境地表水资源量 40 亿 m³，其中包括宁夏当地地表水资源可耗用量。宁夏当地地表水资源多年平均可耗用量均分布在南部山区，为 2.392 亿 m³（见表 2-23）。

（三）水资源可耗用量

水资源可耗用量估算可采取下列方法：地表水资源可利用量加上降水入渗补给量与河川基流量之差的可开采部分。估算公式为：

$$W_{可利用总量} = W_{地表水可利用量} + \rho(P_r - R_g) \tag{2-13}$$

式中：P_r 为降水入渗补给量；R_g 为河川基流量。

宁夏水资源总量为 12.115 亿 m³，其中地表水资源量 9.056 亿 m³，降水入渗补给量与河川基流量之差（地下水与地表水不重复水资源量）为 3.061 亿 m³，可开采系数按 0.42 计，可开采量为 1.23 亿 m³。

综上所述，宁夏地表水资源可耗用量 40 亿 m³（包括宁夏支流地表水资源可利用量）；降水入渗量与河川基流量之差的可开采水资源量为 1.23 亿 m³，宁夏水资源可耗用总量为 41.23 亿 m³。

第七节　水资源演变趋势

一、区域水资源变化

与 1956~2000 年相比，1956~2016 年降水量基本持平，蒸发量略有减小，但对宁夏水资源量整体影响不大，水资源总量减小 3%，其中地表水资源量减小 5%，地下水资源量减少 16%。近 16 年来，地表水减小幅度较多年平均更大，2001~2016 年平均地表水资源量比 1956~2000 年平均地表水资源量减小 17.6%。

地表水方面,固原市减少 0.376 亿 m³,而其他 4 市整体变幅不大,在 0~0.026 亿 m³。主要是南部山区近年来大力实施水土流失治理、退耕还林等措施,使得地表自然截留、入渗、填洼等能力增强,径流减少。

一是由于下垫面条件明显改善,水土流失治理程度大幅提高,水土涵养能力明显提升,总量显著减少,而基流略有增加。①水土流失治理程度大幅提高。2000 年以来,宁夏依托"三北"防护林、天然林保护、退耕还林等国家重大林业工程,组织实施了封山禁牧、防沙治沙等重点生态工程,累计治理水土流失面积达到 15 965 km²,综合治理小流域 430 多条,治理程度达到 41%。尤其是泾源县、隆德县、彭阳县、西吉县、原州区等宁南黄土丘陵重点治理区的水土流失治理程度达到 48%~60%。②水土流失面积、强度明显下降。与 2000 年相比,水土流失减少近一半。其中,轻度侵蚀减少 35%,中度侵蚀减少 63%,强度侵蚀减少 66%,极强度侵蚀减少 27%,剧烈侵蚀减少 53%。全区水力侵蚀面积由 21 331 km² 减少到 13 891 km²,减少 35%;风力侵蚀面积由 15 518 km² 减少到 5 728 km²,减少 63%。③水土流失总量显著减少。通过水土流失综合治理,蓄水保土能力不断提高。南部山区重点治理区已经基本实现了泥不下山、水不出沟。

二是林草植被覆盖率显著提高。植被的冠层、根系及其枯枝落叶能通过截留、增大土壤蓄渗能力、减缓坡面漫流等起到减少径流的作用。良好的植被覆盖度对减少流域的产流量有明显作用。根据统计显示,全区森林覆盖率由 2000 年的不足 10% 提高到 2016 年的 13.8%,尤其是固原地区,2000 年固原市森林覆盖率为 12.8%,目前森林覆盖率达到 25.1%,林草覆盖率达到 73%。生态脆弱的中北部干旱草原风沙区通过封山禁牧、草原休养生息,草原植被覆盖度提高到 30%~50%,不毛之地披上了绿装,林草植被得到有效保护与恢复。

三是农业生产条件显著改善。通过多年坚持不懈的努力,全区建设旱作基本农田 30.72 万 hm²,跑水、跑土、跑肥的"三跑田"坡耕地变成了保水、保土、保肥的"三保田"水平梯田。

四是水资源调蓄能力明显增强。宁夏回族自治区水利厅通过小流域综合治理、淤地坝及水库建设、病险水库除险加固等项目的实施,水利工程的调蓄能力大大增强,改善了河流的水文情势,河流的断流情势较 20 世纪八九十年代也得到明显好转。近年来,在全区建设淤地坝 1 000 多座,雨养农业得到了较大发展,大幅度提高了降水资源和径流资源的利用率。

宁夏地下水资源量主要在平原区,平原区地下水资源量主要来源于黄河水的灌溉入渗补给。地下水减少的主要原因是地表水体补给的减少,一是灌区节水改造,尤其是这些年实行灌区续建配套工程,加大渠道砌护,渠道砌护率由不足 20% 提升至 68.7%,灌溉水有效利用系数由 2000 年的 0.38 提高到 2016 年的 0.511,渠系水利用系数由 0.45 提高到 0.6,输水损失明显减少;使用激光平整田地,大力发展滴灌、微灌等高效节水灌溉,高效节水灌溉面积由 2000 年初期的空白阶段发展到 2016 年的 265 万亩,占全区灌溉面积的 29.2%,亩均灌溉定额比 2000 年以前有所下降,因而灌溉入渗补给量逐年下降,灌区水资源利用效率不断提高,导致地表水入渗量不断减少。二是黄河来水量减少,2000 年以来平均年径流量仅为 265 亿 m³,较 1956~2000 年平均减少 13.7%,导致灌区引水呈减少趋势。在 2000 年以前宁夏引黄水量 76.3 亿 m³,而 2001~2016 年宁夏引黄水量实行统一调度,加上落实最严格水资源管理制度和建设节水型灌区,分配宁夏引扬黄水量持续减少,已从 2002 年的 73.5 亿 m³ 降低至 2016 年的 53.7 亿 m³。1956~2016 年灌区多年平均引水量 65.3 亿 m³,较 1956~2000 年减少 11.1 亿 m³。

二、黄河干流来水变化

选取下河沿、石嘴山 2 个水文代表站,对 1956~2016 年黄河入境、出境实测、天然径流年总量时间序列进行趋势检验及突变检验分析,分别见表 2-24、图 2-9、图 2-10。

60 多年来,黄河入境、出境实测径流量均有较为显著的减少趋势,出境实测径流量的减小趋势与速率要明显大于入境实测径流量。在 0.05 的检验水平下,黄河下河沿站实测径流年总量时间序列的 Mann-Kendall 趋势检验统计量 $Z_c = -2.5078$,下降速率为 11 978 万 m³/a;石嘴山站实测径流年总量时间序列的 Mann-Kendall 趋势检验统计量 $Z_c = -3.0306$,下降速率为 14 157 万 m³/a,说明黄河入境、出境实测径流量均有较为显著的下降趋势,且出境实测径流量下降趋势更为明显,变化速度更快。

黄河入境、出境天然径流量有减少的变化趋势,但变化并不显著,出境天然径流量变化速率仍然表现为比入境天然径流量变化速率大的特点。在 0.05 的检验水平下,黄河下河沿站天然径流量年总量时间序列的 Mann-Kendall 趋势检验统计量 $Z_c = -1.7237$,下降速率为 8 483 万 m³/a;石嘴山站实测径流量年总量时间序列的 Mann-Kendall 趋势检验统计量 $Z_c = -1.7237$,下降速率为 8 563 万 m³/a,说明黄河入境、出境天然径流量均有下降趋势,且出境天然径流量变化速度更快。

由 Pettitt 突变检验分析,在 0.05 的检验水平下,黄河入境、出境实测、天然径流量均存在明显突变点。黄河下河沿站、石嘴山站实测径流量突变发生在 1987 年,突变发生前 UF 统计曲线大于 0,说明此时实测径流量是呈现增加趋势的,突变发生后,实测黄河入宁量不断减少,直至 2000 年前后出现显著减少的趋势;石嘴山站实测径流量与下河沿站突变情形一致,于 1987 年发生突变。黄河下河沿站、石嘴山站天然径流量突变发生在 1990 年,突变发生前 UF 统计曲线大于 0,说明此时天然径流量是呈现增加趋势的,突变发生后,天然黄河入宁量不断减少,直至 2000 年前后出现显著减少的趋势。

表 2-24　1956~2016 年黄河入境、出境实测、天然径流量时间序列分析结果

站点	Mann-Kendall 趋势分析统计量 Z_c	Mann-Kendall 趋势分析变化速率 β/(万 m³/a)	Pettitt 突变检验/年 ($p<0.05$)
下河沿实测	-2.5078	-11 978	1987*
石嘴山实测	-3.0306	-14 157	1987*
下河沿天然	-1.7237	-8 483	1990*
石嘴山天然	-1.7237	-8 563	1990*

注:* 表示通过 0.05 显著性水平检验。

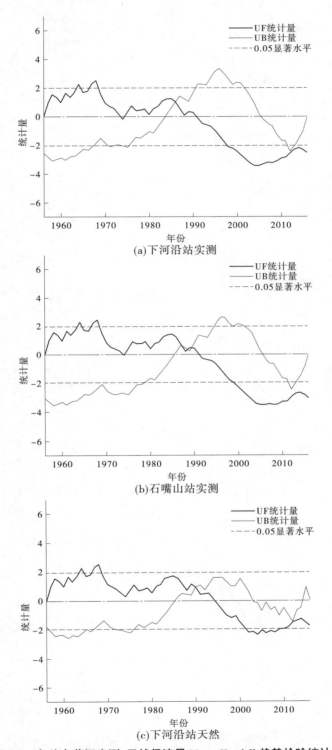

(a)下河沿站实测

(b)石嘴山站实测

(c)下河沿站天然

图 2-9　各站点黄河实测、天然径流量 Mann-Kendall 趋势检验统计曲线

(d)石嘴山站天然

续图 2-9

(a)下河沿站实测

(b)石嘴山站实测

图 2-10　各站点黄河实测、天然径流量 Pettitt 突变检验统计曲线

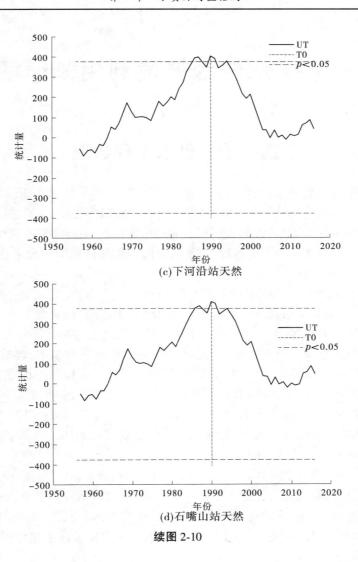

(c)下河沿站天然

(d)石嘴山站天然

续图 2-10

第三章　水资源开发利用规律解析

第一节　供水工程状况

宁蒙河套灌区历史悠久,是我国古老大型灌区之一,蒸发量远大于降水量,属典型的干旱少雨地区。没有灌溉就没有农业,黄河孕育着宁蒙河套平原,赐给它以深厚肥沃的土地和优质的灌溉水源,加上适宜的气候和丰富的光热资源,使河套平原获得了发展灌溉农业的优越条件。经过漫长的历史过程,宁蒙河套灌区发展成为国家及宁蒙地区重要商品粮基地,成为宁蒙地区赖以生存的绿洲。

宁夏灌区自 2 200 多年前秦汉时期以来,历代修建了秦渠、唐徕渠、惠农渠等许多著名的水利工程,形成了繁荣富庶的引黄灌区,久享"塞上江南"的美誉。

早在 2 000 多年前,秦朝大将蒙恬在今日宁蒙河套地区凿渠引黄河水发展农业生产,大片牧场被开垦为农田。时至两汉,宁夏平原更大规模地兴水垦田,建成了大量灌溉古渠,形成了今天秦渠、汉延渠、唐徕渠等大干渠的雏形,使宁夏银川平原成为四大古灌区。隋唐两代相继开凿特进、御史、尚书等干渠贯通宁夏平原南北,初步形成了沟渠纵横连接的灌排系统,耕垦土地大幅度增加,谷稼殷积,物阜民丰,遂有"塞北江南"之美誉。明清时期,卫宁灌区的"羚羊"三渠及河西灌区的大清、惠农、昌润、利民等新渠建成,灌溉面积一举增至近 220 万亩。后灌溉面积萎缩至 192 万亩。

新中国成立后,宁夏引黄灌区以"整修旧渠沟、新建新渠沟"为重点,大力开展了水利工程建设,灌区渠道输水能力普遍增加 1~3 倍以上,有效灌溉面积增至 320 多万亩。

宁夏黄河流域水资源开发利用主要依托可耗用的黄河水,黄河水耗用量占宁夏水资源总利用量的 90%,且主要通过灌区渠道、泵站取水。宁夏灌区主要年份实灌面积及地表水耗用量情况见表 3-1。

表 3-1　宁夏灌区主要年份实灌面积及地表水耗用量情况

年份	实灌面积/万亩	地表水耗用量/亿 m³
1960	近 300	32.8
1970	近 300	33.1
1980	315	39.4
1990	504	40.12
2000	712	37.26

续表 3-1

年份	实灌面积/万亩	地表水耗用量/亿 m³
2005	724	40.64
2010	765	32.24
2015	838	34.17
2018	898	31.26

　　1968 年,青铜峡水利枢纽建成,结束了宁夏引黄灌区无坝引水的历史,次年引水量就由 67.0 亿 m³ 增至 77.5 亿 m³。1970~1978 年,灌区规模基本稳定在 300 余万亩的情况下,通过加强引黄灌区灌溉管理,灌区引水量逐步下降至 62.9 亿 m³。20 世纪 80 年代初以后,灌区灌溉面积大幅增长,灌溉引水量也随之上升,至 1999 年,灌区灌溉面积增至 700 余万亩,灌区引水量也增至 87.8 亿 m³。20 世纪 90 年代期间,黄河多次出现断流,沿黄省区引水受限,宁夏引黄灌区灌溉用水频频告急,宁夏开始把节水摆在水资源开发利用的突出位置。2000 年以来,在灌溉规模持续扩大的同时,通过引扬黄河水水价调整,加强节约用水管理,实施灌区续建配套建设和高效节水灌溉等节水措施,在灌溉面积增加了 190 万亩的情况下,2018 年引水量降至 56.1 亿 m³,较 1999 年减少 31.1 亿 m³,节水效益显著。

　　宁夏的供水系统由当地地表水、地下水、引扬黄河水组成。地表水供水系统主要由水库、塘坝及河道构成;地下水供水系统主要由机电井组成;引黄供水系统主要由引黄闸、渠组成,主要是卫宁、青铜峡两个引水灌区,直接从黄河引水的总干渠 17 条;扬黄供水系统由泵站组成,主要是指陶乐扬水灌区、固海、盐环定、红寺堡及个别企业等直接从黄河扬水的泵站。现有供水工程可分为蓄、引、提和地下水工程。

一、蓄水工程

　　宁夏黄河干流上现有大型水库一座即青铜峡水库,总库容 7.35 亿 m³,有效库容 0.25 亿 m³。除渠道引走部分水量外,青铜峡河道年下泄径流量 233.5 亿 m³。其供水主要用于青铜峡灌区灌溉和青铜峡电厂水力发电。灌溉用水作为渠道引水工程供水量,水力发电用水 202.4 亿 m³,算河道内用水,不计入供水总量中。

　　宁夏现有中型水库 18 座,主要分布在固原市清水河上中游及葫芦河流域。固原市 14 座,总库容 4.078 2 亿 m³,有效库容 2.285 4 亿 m³,设计灌溉面积 29.59 万亩,实灌面积 11.59 万亩;中卫市 4 座,总库容 3.571 0 亿 m³。中型水库情况见表 3-2。

　　全区现有小型水库 199 座[含小(1)型和小(2)型](不含拦洪库),固原市 175 座,总库容 6.89 亿 m³,有效库容 3.56 亿 m³,设计灌溉面积 56 万亩,实灌面积 21.9 万亩;中卫市 24 座。

表 3-2　中型水库情况

市名	县(区)	中型水库名称	所在流域	总库容/万 m³	有效库容/万 m³	设计灌溉面积/万亩	实灌面积/万亩	2018 年末蓄水量/万 m³
固原市	原州区	沈家河	清水河	4 640	2 488	5.0	3.3	955
		寺口子	清水河	10 515	5 874	5.0	0.3	644
		冬至河	清水河	2 758	1 748	3.0	0.2	354
	西吉	张家嘴头	葫芦河	4 442	2 830	2.5	1.5	90
		夏寨	葫芦河	2 417	1 211	0.9	0.6	0
		马莲	葫芦河	2 660	1 955	1.5	1.24	0
		什字	葫芦河	2 237	500	1.4	1.0	0
		下坪	清水河	1 170	1 150	0.93	0.4	241
		八台轿	葫芦河	1 882	908	0.2	0.2	295
	彭阳	店洼	茹河	2 183	810	2.0	0.4	0
		石头崾岘	茹河	1 552	944	4.16	0.8	100
		庙台	茹河	1 576	1 576	0.6	0.3	88
		乃河	茹河	1 290	860	1.8	0.95	20
		西庄	茹河	1 460		0.6	0.4	155
小计				40 782	22 854	29.59	11.59	2 942
中卫市	海原	张湾	清水河	3 740	1 900			0
		苋麻河	清水河	5 570	1 245			50
		石峡口	清水河	24 000	6 700			276
		撒台	清水河	2 400	1 700			26
小计				35 710	11 545			352
合计				76 492	34 399	29.59	11.59	3 294

二、引水灌溉工程

黄河干流引水灌溉工程始建于公元前 214 年(秦渠),引黄灌区是我国古老大型灌区之一,灌区盛产稻麦,素有"天下黄河富宁夏""塞上江南"的美称。灌区位于宁夏北部,属黄河冲积平原,南起中卫县美利渠口,北至石嘴山,南高北低,长 320 km,东西宽约 40 km。全灌区包括中卫、中宁、青铜峡、利通区、灵武、永宁、银川、贺兰、平罗、惠农、陶乐、石嘴山等 12 个县(市、区)及 15 个国营农林牧场,土地总面积 1 万多 km²。新中国成立前,宁夏河套引黄灌区已具相当规模,新中国成立后,进一步扩建、更新和改造,新建了一批水利工程,逐步形成了比较完善的灌排系统,灌区水利事业有了空前的发展,经过 50 多年的建设,灌溉面积已由新中国成立初的 192 万亩发展到 580 万亩,水利效益极为显著,为促进宁夏经济社会的发展发挥了重要作用。按地理位置和引水方式的不同,以青铜峡为界,南部为卫宁灌区,北部为青铜峡灌区。

卫宁灌区包括中卫、中宁 2 县和青铜峡广武乡,计算面积 922 km²,主要引水干渠有美利渠、跃进渠、七星渠、羚羊寿渠、羚羊角渠等,干渠总长 336 km,引水能力 147 m³/s。目前各干渠还是多首制无坝引水,黄河流量小于 800 m³/s 时,各干渠引水不足,灌溉保证率不高。主要排水沟道有 8 条,总长 147 km,设计排水能力 82.3 m³/s,控制排水面积 680 km²,灌区地面坡度 1/500~1/1 200,排水条件较好。

青铜峡灌区包括河西灌区和河东灌区两部分,是宁夏最大的自流灌区。河西灌区又可分为银南灌区和银北灌区。计算面积 5 651 km²,有东西 2 条总干渠,引水干渠主要有唐徕渠、汉延渠、惠农渠、西干渠、大清渠、泰民渠在青铜峡枢纽坝下的河西总干渠引水;秦渠、汉渠、马莲渠在坝下的河东总干渠引水,东干渠在青铜峡水库东岸引水。各干渠总长 757.7 km,引水能力 610 m³/s。1967 年,青铜峡水利枢纽建成,结束了青铜峡灌区无坝引水的历史,供水能力和供水保证率大大提高。灌区骨干排水沟道主要建于 20 世纪 60 年代,共有 20 余条,长 609 km,排水能力 489 m³/s,控制排水面积 4 200 km²。银北灌区南北向地面坡度 1/6 000~1/8 000,在垂直黄河方向无明显坡度,自流排水困难,土壤盐渍化严重,为此在 20 世纪六七十年代修建了一批竖井排水和电力排水站,起到了良好的排水作用,但由于管理问题,损坏严重,利用率不高。

宁夏卫宁、青铜峡两大引黄灌区,现有大中型引水总干渠、干渠 17 条,设计灌溉面积 427 万亩,2016 年实灌面积 585.1 万亩(包括从渠道扬水面积 71.4 万亩),设计供水能力 816 m³/s,现状供水能力 812 m³/s(包括直接从干渠扬水的扬水工程供水量如南山台子扬水、同心扬水等),总干渠引水能力 757 m³/s,见表 2-3。在固原市,尚有小型引水工程 73 处,有效灌溉面积 18.1 万亩。

三、扬水工程

(一) 固海扬水灌区

宁夏固海扬水灌区是宁夏引黄灌区的一个组成部分,由固海扬水与同心扬水组成,是国家和宁夏回族自治区为改变宁南山区干旱贫困面貌而兴建的一项扶贫富民工程。固海扬水工程始建于 1978 年,1982 年部分工程建成就开始发挥效益,1986 年全部建成并投入运行,于 1989 年又利用世界银行贷款进行了扩建。固海扬水主体工程自中宁县泉眼山北麓黄河右岸直接取水,经 11 级扬水至原州区七营镇,渠道总长 215.6 km。同心扬水工程从七星渠提水,渠道全长 93.75 km,干、支渠总长 35.39 km。固海扬水灌区控制面积 64.46 万亩,设计灌溉面积 40 万亩;同心扬水灌区控制面积 13 万亩,设计灌溉面积 10 万亩。

(二)盐环定扬黄工程

盐环定扬黄工程从青铜峡东干渠 31+200 处引水,原设计供水范围达 1.0 万 km²,设计流量 11 m³/s,分配宁夏 7 m³/s(盐池 5 m³/s、同心 2 m³/s),甘肃省环县 2 m³/s,陕西省定边县 2 m³/s。设计灌溉面积 33 万亩(其中宁夏 20.36 万亩)。共用工程输水干渠 123.6 km,泵站 12 座,共用工程于 1988 年 7 月正式开工建设,1996 年 9 月通过竣工验收投入使用。宁夏专用工程于 1992 年 4 月开工建设,2004 年主体工程全部完成。2009~2011 年实施了盐环定扬黄续建工程。

(三)宁夏扶贫扬黄灌溉工程

宁夏扶贫扬黄灌溉工程总体规划开发 4 片灌区,发展灌溉面积 200 万亩,其中红寺堡灌区 75 万亩、固海扩灌区 55 万亩、马场滩灌区 55 万亩、红临灌区 15 万亩。一期工程由红寺堡和固海扩灌两大扬水工程系统组成,设计规模 130 万亩。

(四)陶乐扬黄灌区

陶乐扬黄灌区为独立扬水灌区,由多处小型提水泵站从黄河提水供灌溉之用,设计供水能力 9.4 m³/s,现状供水能力 11.9 m³/s,2001 年实灌面积达 11.9 万亩。

(五)边缘扬水

边缘扬水在灌区边缘,有甘城子、五里坡、扁担沟、狼皮子梁、南山台子等中小型扬水灌区,扬水能力 15 m³/s。目前,灌溉面积已达 50 万亩。在卫宁灌区边缘尚有小型提水工程 8 处,供两岸台地灌溉和厂矿用水。

(六)小型提水

在固原地区尚有小型提水 176 处,此类多为临时流动小泵,在灌溉期拦河堵坝抽水灌溉,主要分布在清水河、葫芦河及茹河两岸。

(七)石嘴山电厂核心泵房

石嘴山电厂核心泵房设计供水能力 3 亿 m³,供电厂直冷式冷却水。

四、地下水供水工程

地下水供水工程主要有城市自来水井、厂矿企业自备水井及农村机电井。据统计,宁夏 2016 年共有地下水井 8 107 眼,其中城市自来水井 540 眼,厂矿企业自备井 1 308 眼,农村人饮井 683 眼,农村灌溉井 5 576 眼。地下井统计见表 3-3。

表 3-3 地下水井统计

地市	县(市、区)	数量/眼				
		自来水	自备井	农村机电井		合计
				农村人饮井	农业灌溉井	
银川市	银川市	185	294	10	108	597
	贺兰县	13	58	12	309	392
	永宁县	9	40	17	212	278
	灵武市	30	48	10	336	424
	小计	237	440	49	965	1 691
石嘴山市	大武口区	135	133	6	62	336
	惠农区	16	104	8	385	513
	平罗县	12	150	7	841	1 010
	小计	163	387	21	1 288	1 859
吴忠市	利通区	19	106	31	20	176
	青铜峡市	17	119	26	42	204
	盐池县	20	82	362	1 239	1 703
	同心县	15	0	0	0	15
	红寺堡	5	0	0	0	5
	小计	76	307	419	1 301	2 103
中卫市	沙坡头区	8	51	11	93	163
	中宁县	9	87	24	58	178
	海原县	23	0	51	758	832
	小计	40	138	86	909	1 173
固原市	原州区	9	36	40	405	490
	西吉县	9	0	17	585	611
	隆德县	0	0	0	28	28
	泾源县	0	0	4	1	5
	彭阳县	6	0	47	94	147
	小计	24	36	108	1 113	1 281
全区合计		540	1 308	683	5 576	8 107

第二节　供用耗排水量变化

一、供水量变化情况

宁夏供水量 1980~1995 年呈增长趋势,其中 1986~1990 年五年间增加最多,增加了 11.022 6 亿 m³,主要是引水量增加较多,为 7.193 6 亿 m³,提水比 1985 年增加了 2.173 3 亿 m³,地下水供水也增加了 1.656 3 亿 m³。到 2015 年供水量已有所下降,比 1995 年减少了 18.648 5 亿 m³,其中引水量减少最多为 22.391 0 亿 m³。不同年份供水量统计见表 3-4,不同供水工程供水量及总供水量变化情况见图 3-1。

表 3-4　不同年份供水统计
　　　　　　　　　　　　　　　　　　　　　　　　　　　　　　　　　　　单位:万 m³

年份	地表水源供水量				地下水源供水量	污水处理回用	总供水量
	蓄水	引水	提水	小计			
1980	8 564	679 240	22 020	709 824	20 309		730 133
1985	10 044	684 020	35 280	729 344	28 735		758 079
1990	10 038	755 956	57 013	823 007	45 298		868 305
1995	9 322	748 366	82 961	840 649	49 506		890 155
2000	5 898	723 226	76 674	805 798	58 972		864 770
2005	7 290	638 250	81 830	727 370	53 380		780 750
2010	7 174	565 478	96 867	669 519	54 181		723 700
2015	9414	524 456	116 561	650 431	51 369	1 870	703 670

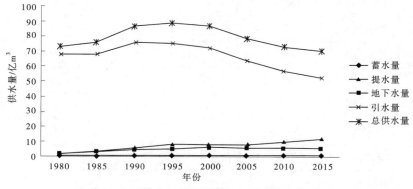

图 3-1　不同供水工程供水量及总供水量变化情况

二、用水量变化情况

1980~2016 年宁夏用水增长主要为工业和城镇生活生态用水增长,其中城镇生活用水量增加 1. 928 8 亿 m³,占总用水量的比例从 0.2% 提高到 3.3%;工业用水量增加 1. 670 4 亿 m³,占总用水量的比例从 3.7% 提高到 6.8%。1980~2016 年全区农业用水量 先增后减,农业用水比例由 95.6% 下降到 88.9%,2000 年以前农业用水增加与灌溉面积 不断增加有关;2000~2016 年减小 22.555 1 亿 m³,而灌溉面积仍然增加,说明农业节水效 果明显,节约水量不但满足新增灌溉面积用水需求,而且部分转为工业用水。宁夏 1980~ 2016 年全区用水量及用水结构见表 3-5。

表 3-5　宁夏 1980~2016 年全区用水量及用水结构

年份	用水量/万 m³					用水结构/%				
	工业	农业	城镇生活	农村人畜	合计	工业	农业	城镇生活	农村人畜	合计
1980	27 186	698 104	1 822	3 021	730 133	3.7	95.6	0.2	0.4	100
1985	34 878	716 670	3 130	3 401	758 079	4.6	94.5	0.4	0.4	100
1990	45 418	812 308	6 853	3 726	868 305	5.2	93.6	0.8	0.4	100
1995	57 978	818 227	9 603	4 347	890 155	6.5	91.9	1.1	0.5	100
2000	45 859	802 751	10 611	6 309	865 530	5.3	92.7	1.2	0.7	100
2005	34 560	727 740	11 560	6890	780 750	4.4	93.2	1.5	0.9	100
2010	41 210	663 690	12 120	6 680	723 700	5.7	91.7	1.7	0.9	100
2015	43 530	636 820	16 670	6 650	703 670	6.2	90.5	2.4	0.9	100
2016	43 890	577 200	21 110	6 710	648 910	6.8	88.9	3.3	1.0	100

注:农业用水包括农田灌溉和林牧渔用水;城镇生活用水包括城镇居民生活用水和城镇公共用水;农村人畜用水包 括农村居民生活用水和牲畜用水。

三、耗水量变化情况

宁夏全区 2010~2016 年平均总耗水量为 31.596 3 亿 m³。从用水行业看,耕地灌溉 24.405 9 亿 m³;占总耗水量的 77.2%;林牧渔畜 2.984 5 亿 m³,占总耗水量的 9.5%,工业 2.764 7 亿 m³,占总耗水量的 8.81%;城镇公共 0.12 亿 m³,占总耗水量的 0.4%,居民生 活 0.54 亿 m³,占总耗水量的 1.7%,生态环境 0.781 3 亿 m³,占总耗水量的 2.5%。宁夏 2010~2016 年分区平均耗水量统计见表 3-6。

表 3-6　宁夏 2010~2016 年分区平均耗水量统计　　　　　　单位:万 m³

地市	农业耗水量				工业耗水量			生活耗水量					生态环境耗水量			总耗水量
	耕地灌溉	林牧渔畜灌溉	牲畜	小计	火(核)电	非火(核)电	小计	城镇居民	农村居民	建筑业	服务业	小计	城镇环境	河湖补水	小计	
银川市	71 439	9 282	577	81 298	2 536	12 184	14 720	1 064	704	422	366	2 556	672	3 035	3 707	102 281
石嘴山市	42 973	2 137	259	45 369	3 377	3 199	6 576	269	272	67	70	678	322	1 660	1 982	54 605

续表 3-6

地市	农业耗水量				工业耗水量			生活耗水量					生态环境耗水量			总耗水量
	耕地灌溉	林牧渔业灌溉	牲畜	小计	火(核)电	非火(核)电	小计	城镇居民	农村居民	建筑业	服务业	小计	城镇环境	河湖补水	小计	
吴忠市	75 090	5 784	1 147	82 021	2 206	1 427	3 633	285	812	103	49	1 249	108	507	615	87 518
固原市	8 126	358	713	9 197	161	237	398	203	749	37	37	1 026	36	0	36	10 657
中卫市	46 431	9 086	502	56 019	640	1 680	2 320	228	782	48	32	1 090	46	1 427	1 473	60 902
合计	244 059	26 647	3 198	273 904	8 920	18 727	27 647	2 049	3 319	677	554	6 599	1 184	6 629	7 813	315 963

第三节　用水效率变化

2001 年以来宁夏节水力度不断增强，用水效率大幅提高。2001~2018 年，人均用水量由 1 513 m³/人减少到 1 019 m³/人，万元 GDP 用水量从 2 525 m³/万元减少到 189 m³/万元，万元工业增加值用水量由 477 m³/万元减少到 47 m³/万元。

对于宁夏而言，由于引水灌溉不仅是为了保障农业用水需求，同时要维护灌区绿洲的生态植被和自然水面，因此采用用水口径计算灌溉定额无法真实地反映灌区作物灌溉用水水平，采用耗水定额相对来说更为合理。宁夏从 2001 年以来，大力发展节水灌溉、实施渠道衬砌、优化种植结构，灌溉耗水定额有了较大幅度下降，从 521 m³/亩减少到 366 m³/亩，农业节水成效十分显著。宁夏 2001~2018 年用水水平相关指标见表 3-7。

表 3-7　宁夏 2001~2018 年用水水平相关指标

年份	人均用水量/ (m³/人)	万元 GDP 用水量/ (m³/万元)	万元工业增加值用水量/ (m³/万元)	农田灌溉耗水定额/ (m³/亩)
2001	1 513	2 525	477	521
2005	1 347	1 311	239	561
2010	1 155	431	71	468
2015	1 089	249	47	398
2018	1 019	189	47	366

一、用水水平变化分析

(一)农业用水效率分析

2001~2018年,农田实灌面积由765万亩增加至897万亩,农田实际灌溉耗水定额由521 m³/亩减少到366 m³/亩,说明农田灌溉节水效果显现。近年来,宁夏加快大中型灌排骨干工程建设与配套改造,持续推进高效节水现代化生态灌区建设,大力推行以滴灌、微灌、喷灌为主的高效节水灌溉,同时优化调整作物种植结构,使得农业用水定额下降明显;但是同时,由于黄河水资源总量不足,在有限水资源条件下,农业用水往往被工业用水和生活用水挤占,部分农田得不到充分灌溉。

(二)工业用水效率分析

2001~2018年,万元工业增加值用水量由477 m³/万元减少到47 m³/万元,减少90%,主要是由于宁夏不断强化工业节水增效,严控新增高耗水项目,以节水作为项目立项考核的重要依据。持续淘汰炼铁、焦炭等高耗水落后产能,鼓励企业实施节水技术改造,推进水循环利用、重复使用,新建工业园区同步建设再生水处理利用设施,同时推广工业用水重复利用和洗涤节水等通用节水技术和生产工艺,有效节约了水资源。

二、与相邻省区对比情况

(一)农业用水水平对比

2018年宁夏农田亩均灌溉用水量为658 m³/亩,亩均灌溉耗水量为366 m³/亩。从亩均灌溉用水来看,较周边省区及全国的亩均灌溉水平偏高。这主要与降水、蒸发差异及宁夏灌区灌溉用水独特的生态效益有关。

降水量的差异是宁夏平原灌区灌溉定额与其他省区定额差异较大的主要原因之一。黄河中游关中地区年均降水量500~550 mm,宁夏引黄灌区年均降水量为150~300 mm,多年年均降水量仅为180 mm,仅为关中平原年均降水量的1/3。在主要作物的生长期(4~9月),关中地区降水量在350~390 mm,宁夏引黄灌区为150 mm,仅为关中平原的40%。同时,蒸发量的差异是宁夏平原灌区与其他灌区灌溉需水量不同的另一重要原因,蒸散发的大小直接影响作物需水量的大小。从宁夏灌区和关中地区的干燥度(蒸发量/降水量)差异来看,关中地区的年干燥度在1.0~1.5,而宁夏引黄灌区的年干燥度在6.0~7.0。干燥度越大,作物需水量就越大。因此,宁夏灌区亩均灌溉用水量偏高并非完全是用水浪费的结果,而是有其一定的合理性和必然性。

宁夏引黄灌区灌溉用水,除担负农作物生产功能外,还承担着极其重要的绿洲生态保障功能。相关研究表明,宁夏自然生态的耗水量,即除农田、工业耗水外的自然蒸发、蒸腾耗水量,占总耗水量的34%,扣除这部分担负生态功能的用水,宁夏灌区亩均灌溉用水量将显著减小,为435 m³/亩。基本接近周边省区定额。同时,从耗水角度来看,宁夏亩均灌溉耗水量仅为366 m³/亩,与全国平均水平基本一致,说明宁夏灌溉用水已经摆脱了粗放用水的局面。

2016~2018年宁夏与周边省区农田亩均灌溉用水量对比见表3-8、图3-2。

表 3-8　2016~2018 年宁夏与周边省区农田亩均灌溉用水量对比　　单位:m³/亩

年份	宁夏	青海	甘肃	内蒙古	陕西	全国
2016	363	565	487	326	287	380
2017	356	505	470	308	311	377
2018	366	482	462	279	301	365

注:宁夏农田亩均灌溉水量为耗水量口径。

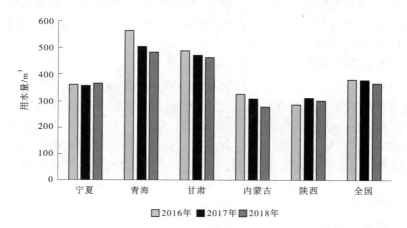

图 3-2　2016~2018 年宁夏与周边省区农田亩均灌溉用水量对比

(二)工业用水水平对比

2016 年宁夏万元工业增加值用水量为 49 m³/万元,低于甘肃的 65 m³/万元和全国平均水平 53 m³/万元,但是仍比青海 28 m³/万元、内蒙古 22 m³/万元、陕西 18 m³/万元和黄河流域平均水平 25 m³/万元要高。2016~2018 年宁夏与周边省区万元工业增加值用水量对比见表 3-9、图 3-3。

表 3-9　2016~2018 年宁夏与周边省区万元工业增加值用水量对比　　单位:m³/万元

年份	宁夏	青海	甘肃	内蒙古	陕西	全国	黄河流域
2016	49	28	65	22	18	53	25
2017	51	32	59	31	16	46	24
2018	47	31	48	29	15	41	22

宁夏重点行业用水定额多数与相邻省区差别不大,明显优于国家标准。实际定额多数也能控制在宁夏标准定额以内。

(三)城镇生活用水水平对比

2016 年宁夏城镇居民人均生活用水量为 86 L/(人·d),仅高于甘肃的 76 L/(人·d),比青海 101 L/(人·d)、内蒙古 91 L/(人·d)、陕西 107 L/(人·d)、黄河流域 96 L/(人·d)和全国平均水平 136 L/(人·d)都有所差距。2016~2018 年宁夏与周边省区城镇居民生活用水量对比见表 3-10、图 3-4。

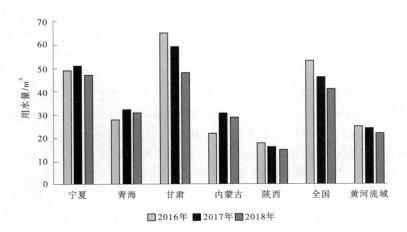

图 3-3　2016~2018 年宁夏与周边省区万元工业增加值用水量对比

表 3-10　2016~2018 年宁夏与周边省区城镇居民生活用水量对比　单位:L/(人·d)

年份	宁夏	青海	甘肃	内蒙古	陕西	全国	黄河流域
2016	86	101	76	91	107	136	96
2017	87	99	76	91	109	137	98
2018	97	104	79	95	112	139	107

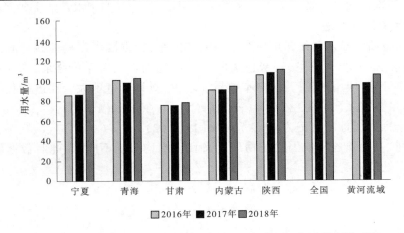

图 3-4　2016~2018 年宁夏与周边省区城镇居民生活用水量对比

第四节　基于知识图谱的用水量与实物量相关性分析

一、知识图谱

知识图谱(knowledge graph)是人工智能的重要分支技术,它在 2012 年由谷歌提出,是结构化的语义知识库,用于以符号形式描述物理世界中的概念及其相互关系,其基本组成单位是"实体—关系—实体"三元组,以及实体及其相关属性—值对,实体间通过关系相互联结,构成网状的知识结构。

将以关联分析为特点的水利大数据技术和以因果关系为特点的水利专业机制模型相结合,对海量多源的水利数据加以集成融合、高效处理和智能分析,并将有价值的结果以高度可视化方式主动推送给管理决策者,是解决水利对象精细化管控难题的根本途径。

高精度的用水量预测,除了考虑到用水量数据的准确性,还要考虑到各种因素的影响。因此,必须以充分的、准确的历史数据作为依据,通过研究历史数据来分析短期需水量的变化规律,确定影响用水量的主要因素,为预测模型输入层特征因子的选择提供依据,从而建立准确可靠的短期需用水量预测模型。某一地区的用水量受到多种因素的影响,比如该地区的温度、湿度、用水人口数量、居民收入、家庭结构、用水习惯、节水器具普及率、水价、人们的节水意识等,渗透到社会生产和生活的方方面面,是一个复杂的系统。人口数量和增长率、居民支付和购买能力、经济结构和规模、各类用水的效率指标、节水因素、水价及相关政策等许多方面都驱动着水资源需求量的不断提高,而且不确定性、非线性和时变性并存,因此对用水量构成的分析就非常必要。

主要因素筛选是高维数据分析的基础。其主要是通过统计方法从繁多的变量中选出对响应变量最大的解释变量,它是统计分析和推断的重要环节。变量筛选的结果好坏直接影响模型的质量,进而对统计分析与预测精度产生极大的影响。但在不同的实际应用中,很难保证某种变量筛选方法是绝对最好的。本书主要采用灰色关联分析法和皮尔逊相关分析法,筛选出两种系数均大于 0.8 的影响因素,作为影响用水量的主要因素。

(一)灰色关联分析法

灰色关联分析法是从系统角度研究信息间的关系,根据因素序列曲线之间的相似程度来判定它们之间的相关关系,用灰色关联度来描述因素间关系的强弱、大小和次序。适用于小样本计算,应用范围广,对样本数量要求少,且计算量不大。在进行灰色关联分析时,将用水量数据序列记为:$y(k) = [y(1), y(2), \cdots, y(n)]$($k = 0, 1, \cdots, n$,其中 n 为数列长度);影响因素指标序列记为:$x_i(k) = [x_i(1), x_i(2), \cdots, x_i(n)]$($i = 0, 1, \cdots, m$,其中 m 为指标序列)。由于各影响因素的物理意义和量纲均可能不同,因此对数据要进行无量纲化的数据处理:

$$\left.\begin{array}{l} y'(k) = y(k)/y(l) \\ x'_i(k) = x_i(k)/x_i(l) \end{array}\right\} \tag{3-1}$$

式中:$k = l = 1, 2, \cdots, n, k \neq 1$。

用水量序列 $y(k)$ 与各影响因素序列 $x_i(k)$ 的绝对差值序列为:

$$\Delta_i(k) = |y'(k) - x'_i(k)| \tag{3-2}$$

确定最大值 M 和最小值 m:

$$\left.\begin{array}{l} M = \max_i \max_k \Delta_i(k) \\ m = \min_i \min_k \Delta_i(k) \end{array}\right\} \tag{3-3}$$

计算各影响因素的关联系数 $\delta_i(k)$:

$$\delta_i(k) = \frac{m + \rho M}{\Delta_i(k) + \rho M} \tag{3-4}$$

式中：ρ 为分辨系数，$0<\rho<1$。ρ 越小，关联系数间差异越大，分辨能力越强，通常 ρ 取 0.5。

计算各影响因素序列 $x_i(k)$ 对用水量序列 $y(k)$ 的关联系数 $r_i(k)$：

$$r_i(k) = \frac{1}{n} \sum_{k=1}^{n} \delta_i(k) \tag{3-5}$$

利用灰色关联分析法筛选出与用水量关联度高的指标（绝对值越接近于 1 的指标），作为主要影响因素。

(二)皮尔逊相关分析法

皮尔逊相关分析法是 19 世纪 80 年代由卡尔·皮尔逊提出的，用于度量两个变量之间的相关程度，其值介于 −1 与 1 之间。本书用来分析用水量与其影响因素间的相关关系。在计算两个变量间相关系数之前，需要满足两个假设：

(1) 两个变量间的相关性必须为线性关系；

(2) 变量必须服从正态分布。

其相关系数的计算方法如下：

$$\rho_{X,Y} = \frac{\mathrm{cov}(X,Y)}{\sigma_X \sigma_Y} = \frac{E(X-\mu_X)(Y-\mu_Y)}{\sigma_X \sigma_Y} = \frac{E(XY) - E(X)E(Y)}{\sqrt{E(X^2) - E^2(X)}\sqrt{E(Y^2) - E^2(Y)}}$$

$$\tag{3-6}$$

在变量均为连续变量的情况下，通过 Pearson 相关系数绝对值的取值范围判断变量的相关强度。相关性系数的绝对值越接近 1，表明变量之间的相关性越强；相关系数的绝对值越接近 0，表明变量之间的相关性越弱。

二、相关性矩阵

人类的生产和生活都离不开水的供给和使用，供用水量与经济指标、社会指标、实物量指标有密切的关系，找到相关性较好的指标可以帮助建立模型，精确地模拟和预测用水量。具体指标如下：

(1) 供水量：地表水供给量、地下水供给量和其他供水量、总供水量。

(2) 用水量：生活用水量、工业用水量、农业用水量、总用水量。

(3) 经济社会指标：人口、GDP、工业增加值。

(4) 综合实物量指标：全社会用电量、能源消费总量、货运量、全社会固定资产投资等。

(5) 工业实物量指标：发电量、装机容量、工业能源消费总量等。

(6) 农业实物量指标：耕地面积、灌溉面积、播种面积粮食产量、作物总产量、化肥使用量、农药使用量、农村用电量等。

(7) 生活实物量指标：城区面积、建成区面积、城市建设用地面积、城市人口密度、自来水供水量、供水管道长度、用水人口、人均可支配收入、人均消费支出。

各类指标的相关性矩阵见图 3-5～图 3-7。

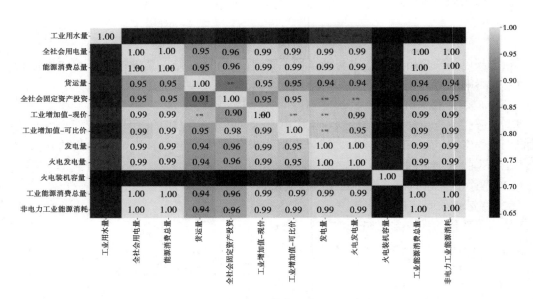

图 3-5　工业用水量与实物量指标相关性矩阵

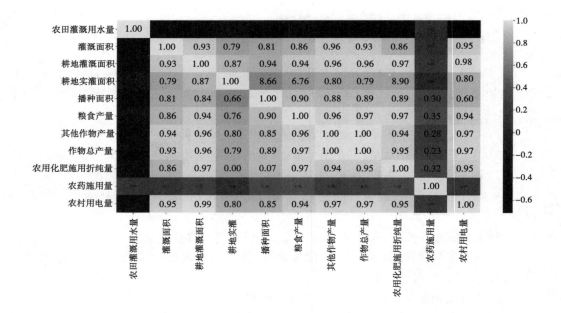

图 3-6　农业用水量与实物量指标相关性矩阵

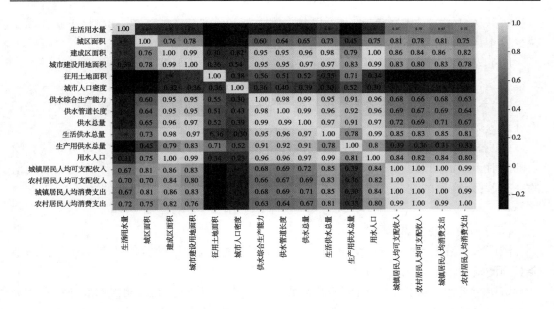

图 3-7　生活用水量与实物量指标相关性矩阵

第五节　基于深度学习的供用水预测模型

基于深度学习的供用水预测模型训练、测试流程具体步骤如下：

（1）数据预处理：数据的准确性是模型成功与否的关键，而在现实中，数据的丢失、异常值往往使模型运行效果差强人意。为了提高数据挖掘的质量，往往首先对数据进行清洗，将"脏"数据转化为满足数据质量要求的数据。

（2）划分数据集：分别将筛选出的数据按照 70%、30% 进行划分，前 70% 划分为训练数据集，后 30% 划分为测试数据集。

（3）模型训练：搭建几组预测模型，使用训练数据集训练模型，确定模型的误差。

（4）模型测试：使用测试数据集分别对几组模型测试，并对预测精度进行比较。

一、数据预处理过程

目前，供用水数据大多数来源于统计数据，但由于统计系统存在数据采集偏差、数据采集精度有限及各类不确定性因素，出现数据异常值和空缺值，它们的出现就会导致预测算法不能很准确地预测出用水量和用水趋势，这就需要用合理的方法进行修复补充。

（一）数据清洗方法

数据清洗是指对试验原始数据中的残缺、错误或重复数据的一种处理方式，正确的使用数据清洗方法可以剔除重复数据、纠正错误数据等，可以保证原始数据的真实性，是一种对异常数据进行科学处理的方法。一般的数据清洗方式有以下几种：

（1）删除法。如果数据量比较大，且缺失记录的数据占数据总量的比例非常小，可以直接将其从总体记录中删掉,通常可以分为删除观测样本和变量,删除观测样本就相当于减少样本量来换取信息的完整度。

(2)自动填补。也可以叫作平均值填充法,可以结合实际情况计算出一组数据的平均值并结合最值、中位数和标准差等代替缺失的值,从而完成数据的清理。

(3)手动填补。适用于专业性比较强的数据,可以重新收集数据或者根据领域知识来补充数据。

(4)替换法。顾名思义对缺失值进行替换,根据不同的变量属性,又分为不同的替换规则。对于数值型的丢失变量,可以用包含缺失值的某段数据的平均值作为此项缺失值的补充值;而缺失的变量为非数值变量时,则用该变量下其他观测值的中位数或众数替换。

(二)供用水量数据修复补充

供用水量数据预测需要大量可靠的历史用水数据,因为原始数据的完整性和正确性会对预测模型精度造成很大的影响。

历史用水的采集数据中,如果存在数据丢失,会对数据分析和预测模型的训练有较大的影响,这种影响随着数据缺失量的增多而增大。数据填充方法一般有插值法、统计方法和分类方法,而差值方法比较简单快捷,采用较多,特殊情况则采用分类方法。根据采集数据缺失的多少,有以下两种情况:

(1)缺失个别数据。如果两个缺失数据的间隔较小,大致在5个以内,可以利用差值的方法进行填充,本书部分丢失数据可使用此方法。假设第 n 天和 $n+i$ 天($i \leq 5$)的用水量数据分别为 Q_n 和 Q_{n+i},这两天之间的用水数据缺失,则处理方法如式(3-7)所示。

$$Q_{n+j} = Q_n + \frac{Q_{n+i} - Q_n}{i} \times j \quad (0 < j < i) \tag{3-7}$$

(2)缺失大量连续数据。由于统计设备故障或者管网检修造成的长时间数据丢失,若直接采用第一种情况,缺失的数据就成了线性变化数据,这会对后期的数据分析和预测模型的训练造成不利影响,会误导模型默认这段数据是线性变化的,最终的预测精度会产生偏差。对于这种情况,应将缺失的数据分类,如某月有一周的数据丢失,以周一为例,处理方法分以下两步进行:

Step1:利用数据异常修正横向处理方法,计算周一组的均值填入到缺失项当中。以此类推,分别将其他缺失的6个数据填充进去。数据横向处理方法可以利用 Excel 将数据分为7组,分别为周一、周二、周三、周四、周五、周六和周日,这样同期的数据比较就一目了然,检查日期排列是否都是间隔 7 d,若间隔错的则忽略不比较。设定一个最大阈值 δ,设定该阈值为该组平均用水量的10%,当前后数据变化范围大于这个阈值 δ 时,用均值的方式进行处理,若 $|Q(n) - Q(n-1)| > \delta$ 或 $|Q(n) - Q(n+1)| > \delta$ 时,则该日用水量数据修正为:

$$Q(n) = \frac{Q(n-1) - Q(n+1)}{2} \tag{3-8}$$

Step2:利用数据异常修正的纵向处理方法,计算填充数据是否在波动范围之内,如果在范围之内,则按照纵向处理法进行修正填充。纵向处理法:由于每天的用水量都是连续的,波动范围较小,因此前后两天的用水量数据应该保持在一定范围 ω 之内。

$$Q(n) = \begin{cases} Q(n-1) + \omega, Q(n) > Q(n-1) \\ Q(n-1) - \omega, Q(n) < Q(n-1) \end{cases} \tag{3-9}$$

式中: $Q(n)$ 为第 n 天的日用水量; $Q(n-1)$ 为第 n 天前一天的日用水量; $Q(n+1)$ 为第 n 天后一天的日用水量。

二、预测模型构建

随着数理统计理论的不断创新与发展,关于用水预测模型也在不断发展中,对于用水预测可采用多种方法,以净定额及水利用系数预测方法(定额法)作为基本方法,同时可采用基于用水机制构建用水量模型的方法,其中常用的几种模型有时间序列法(time series analysis)、灰色模型、回归分析法、神经网络法、组合模型等。

(一)时间序列法

时间序列法最早是由数学家耶尔(Yule)于1927年预测市场变化规律而提出的,是应用较早、最为广泛、发展比较成熟的一种方法。现可用于用水量预测,主要研究历年用水量随时间的变化规律。常用的方法有指数平滑法、移动平均法、趋势外推法等。用水量数据是各地区记录和保存的宝贵数据,它们往往是一连串依时间推移而变化的数据记录序列,这种依时间坐标而排列数据的记录序列,通常称为数据的时间序列(丁裕国,江志红,1998)。按某种相等或不相等时间间隔如年、月、日、季节等,对客观事物进行动态观察,以时间顺序排列的随机变量的一组实测值即称为时间序列(time series),又称为动态数据(dynamaic data)。

时间序列法的基本思想是当预测一个现象的未来变化时,用该现象的过去行为来预测未来,即通过时间序列的历史数据揭示现象随时间变化的规律,将这种规律延伸到未来,从而对该现象的未来做出预测。

时间序列法在工程和经济等领域中应用比较广,当采用解析法和数值法所需资料不足时,尤为有效和适宜。

(二)灰色模型法

灰色模型法是研究解决灰色系统分析、建模、预测、决策和控制的理论。灰色模型法认为,尽管客观事物或系统表象复杂、数据离乱,但它总是有整体功能和有序的,具有某种内在规律,关键在于怎样用适当的方法去挖掘和利用它。灰色模型法就是一种对含有不确定因素的系统进行预测的方法。

灰色模型法忽略了对系统结构的分析,在原始数据的基础上,该方法可以建立起具有不同特点的预测模型,例如灰指数模型、灰色拓扑模型和 $G(1,N)$ 模型等。灰色模型法的预测范围较广,无论是长期,还是短期,无论数据量的大小等都可以进行有效预测。该原理把观测到的原始数据(往往是无规律、随机的)看作是灰色过程,这一过程是随时间变化的,经过处理,例如累加或累减,使这些数据得到白化,变得有规律,并且随机性也变弱,之后建立模型达到预测。该预测方法简单实用,且对于资料少、信息不全的情况也可以进行建模预测,对于信息贫乏的系统也能较好地进行预测。

(三)回归分析法

回归分析法的实质是建立用水量与用水影响因素之间的关系,因而也被称为结构分析法。其基本原理是基于自变量和因变量两者之间的相关程度,以及两者之间的变化趋势,进而假设符合两者发展趋势的数学模型,从而对数学模型进行求解,以预测未来的一些数据。回归分析按照不同的类型,可将其细分为一元和多元、线性和非线性等。

1. 线性回归

1)一元线性回归分析

一个自变量对应一个因变量,且两者之间的相互关系是线性的。其数学模型为:

$$Y = \beta_0 + \beta_1 X + \varepsilon \tag{3-10}$$

式中:Y 为自变量;X 为因变量;β_0 为回归常数;β_1 为回归系数;ε 为随机变量。

2)多元回归分析

两个或者两个以上的多个自变量只对应一个因变量,且自变量和因变量之间相互关系是线性的。应用这种方法时,需要先确保多个自变量之间没有共线性才可进行。假设有 k 个自变量 $x_1, x_2, \cdots, x_k$, n 组观测数据 $(x_{i1}, x_{i2}, \cdots, x_{ik}, y_i)(i = 1, 2, \cdots, n)$。其数学模型为:

$$Y_i = \beta_0 + \beta_1 X_{i1} + \beta_2 X_{i2} + \cdots + \beta_k X_{ik} + \varepsilon_i \tag{3-11}$$

式中:β_0 为回归常数;$\beta_1, \beta_2, \cdots, \beta_k$ 为回归系数;ε_i 为随机变量。

2. 非线性回归

若自变量与因变量之间的相互关系不是线性的,则为非线性的,按照自变量个数的多少分为一元非线性和多元非线性关系。非线性回归分析是通过对相关的自变量和因变量实际观测数据进行分析,建立两种变量之间的非线性回归模型,以揭示变量之间的曲线变化过程。预判并选择与散点图上变化趋势接近的非线性模型,如二次曲线、对数曲线、指数曲线、幂函数曲线等。

(四)神经网络法

作为人工智能科学中的人工神经网络,近年来,它发展迅速,被大量学者接受,并且得到了广泛的研究。它的原理是根据人脑神经元系统,将其在计算机网络中表示出来。它与传统的预测方法不同,不是将概念模型反映到数学模型中,而是将大量的输入、输出信号反映在系统的非线性输入、输出模型上,然后对数据进行处理,在学术界通常称为无模型。实际上,就是按照特定的结构形式,对大量的数据信息进行人工神经网络学习,并给出一个未来的输入,最终通过计算机根据学习来的"经验"做出判断,输出结果。

对用水量进行预测时,如果应用人工神经网络,就要将影响用水量的各个因素作为模型的输入,模型的输出则是用水量,确定好输入输出后对模型进行训练,进而得到网络的权值和阈值。然后就可以依据影响因素的未来值,运用 ANN 预测模型,进而预测用水量的未来值。容错性和可以模拟任何一种不是线性的输入输出是人工神经网络的主要优点,所以该方法已经被广泛地应用在了一些建立数学模型比较困难的问题中。该方法实际上是模拟一个黑盒系统,更适合短期预测,而对用水量的长期预测是相对较少的。因为这种黑箱操作不能制定相应的用水政策,也不能提高水的利用率,因此这种方法一般只适用于短期预测。神经网络、灰色预测模型和系统动力学是近年来紧密结合计算机技术新近发展起来的预测方法,都属于系统方法的范畴,均是较为准确的方法。

(五)组合模型

目前关于用水量的单一预测模型方法较多,组合模型类型也较为丰富,不再一一介绍,本书以基于 HP 滤波分析的 GM-LSSVR 模型为例,介绍用水量预测组合模型的建模步骤及模型检验方法。

(1)选取影响因子。

用水情况与供用水结构、经济社会状况、产业结构、未来规划等因素之间存在复杂的关系,且不同的影响因素对用水量的影响程度也不同。为建立用水量与影响因素之间的关联关系,挖掘出和用水量具有较高相关关系的影响因子,本书主要采用相关系数法,筛选出系数较大的影响因素,作为用水量的主要影响因子。

(2)HP(Hodrick-Prescott)滤波分解。

将用水量及主要影响因素的时间序列 $Y(Y=y_1,y_2,\cdots,y_n)$ 分解为一个用水量及主要影响因素的长期趋势序列 $T(T=t_1,t_2,\cdots,t_n)$ 和一个用水量及主要影响因素的短期波动序列 $C(C=c_1,c_2,\cdots,c_n)$,则:

$$Y_i = T_{i-1} + C_{i-1} \quad (i=1,2,\cdots,n) \tag{3-12}$$

式中:n 为样本的容量。

其计算原理就是把长期趋势序列 T 分解出来。长期趋势序列 T 常被定义为最小化问题的解,即使损失函数最小:

$$\min \sum_{i=1}^{n} \left\{ (Y-T)^2 + \lambda \sum_{i=1}^{n} \left[(t_{i+1}-t) - (t-t_{i-1}) \right]^2 \right\} \tag{3-13}$$

式中:t、n 意义同前;参数 $\lambda(\lambda>0)$ 为 $\sum_{i=1}^{n}(Y_i-T_i)^2$ 与 $\sum_{i=2}^{n}\left[(t_{i+1}-t_i)(t_i-t_{i-1}) \right]^2$ 的相对权重。根据一般经验,λ 的取值如下:

$$\lambda = \begin{cases} 100 & \text{年度数据} \\ 1\,600 & \text{季度数据} \\ 14\,400 & \text{月度数据} \end{cases} \tag{3-14}$$

根据筛选出的主要影响因素,利用 HP 滤波分解法,将所有的主要影响因素及用水量均分解为主要影响因素及用水量的长期趋势序列 $\{T_i\}$ 和主要影响因素及用水量的短期波动序列 $\{C_i\}$。

(3)输入 GM-LSSVR 组合模型。

将长期趋势序列 $\{T_i\}$ 与波动趋势序列 $\{C_i\}$ 分别输入 GM(1,N)模型、LSSVR 模型,利用 $t-1$ 年的用水量及其主要影响因素得到 t 年用水量的长期趋势序列预测值 $\{\hat{T}_i\}$、$\{\hat{C}_i\}$。

(4)对用水量的长期趋势序列和波动趋势序列进行集成,即将序列与序列相加,得到比较准确的预测值,即 $y_i = \hat{T}_i + \hat{C}_i$。

(5)对模型预测结果合理性进行分析。对比其他模型预测结果,采用模型拟合优度和拟合误差两项指标分析组合模型预测性能,并根据宁夏实际情况对组合模型预测结果的合理性做出分析。

①模型拟合优度。

定义模型拟合优度 R^2 为：

$$R^2 = 1 - \frac{\sum (Y_t - \widehat{Y_t})^2}{\sum (Y_t - \overline{Y})^2} \tag{3-15}$$

式中：Y_t 为 t 时刻的实际值；$\widehat{Y_t}$ 为模型给出的 t 时刻的预测值；$\overline{Y}$ 为序列平均值。

拟合优度 $R^2 \geqslant 0.7$ 且越接近于 1，则模型的拟合效果越好。

②模型拟合误差。

定义模型拟合误差为平均绝对百分误差 MAPE 及均方根误差 RMSE：

$$RMSE = \sqrt{\frac{\sum_{i=1}^{n} |Z_i - Z(x)|^2}{n}} \tag{3-16}$$

$$MAPE = \left(\frac{\sum \left| \frac{Y_t - \widehat{Y_t}}{Y_t} \right|}{n} \right) \times 100 \tag{3-17}$$

式中：n 为观测个数。

MAPE 反映预测值的误差范围；RMSE 反映测值的灵敏度和极值情况。平均绝对百分误差 MAPE 和均方根误差 RMSE 值越小，表明模型预测的误差越小，精确度越高，一般认为 MAPE 小于 10，则模型的拟合效果较好。

三、预测分析

基于 2001~2021 年宁夏回族自治区工业用水量及影响因素相关数据，利用相关系数法分别对宁夏工业用水量与生活用水量及其对应相关影响因素数据进行分析，得到各影响因素对宁夏工业用水量与生活用水量的关联程度，结果如表 3-11 所示。

表 3-11　工业用水量灰色关联度及皮尔逊相关系数

预测量	影响因子	相关系数
工业用水量	工业增加值	0.650
	发电量	0.453
	工业能源消费总量	0.582
	火电发电量	0.448
	火电装机容量	0.408

续表 3-11

预测量	影响因子	相关系数
生活用水量	城市建成区面积	0.770
	城市建设用地面积	0.726
	供水综合生产能力	0.984
	供水管道长度	0.646
	居民可支配收入	0.879
	用水人口	0.765

选取相关系数值较大的影响因素作为工业用水量与生活用水量的主要影响因素,结果表明:工业增加值、工业能源消费总量为工业用水量的主要影响因素,供水综合生产能力、居民可支配收入、城市建成区面积、用水人口为主要影响因素。随后采用指数平滑法及 ARIMA 模型分析法分别建立宁夏工业用水量及生活用水量预测模型。

(一)宁夏工业用水预测

几种模型工业用水量预测模型拟合曲线如图 3-8 所示,在利用多元回归分析建立宁夏工业用水量预测模型时发现模型拟合优度较小,精度较差,只能利用时间预测法展开建立宁夏工业用水量预测模型。基于 2001~2021 年宁夏工业用水量时间序列,以 2001~2016 年数据为训练样本,以 2017~2021 年数据为检测样本,构建了自回归移动平均结合 ARIMA(2,0,2)模型、简单指数平滑模型、布朗线性指数平滑模型、霍特指数平滑模型对宁夏工业用水量展开预测。从结果(见表 3-12)来看,指数平滑法预测的 2030 年工业用水量普遍偏小,这是由于指数平滑法在预测时容易造成呈现增加趋势序列的预测值偏小,有下降趋势序列的预测值则会偏大的特性造成的。从模型拟合优度以及训练样本的相对误差来看,3 种方法中 ARIMA(2,0,2)模型拟合优度更高,误差更小,说明预测精度更高。经过模型计算,预测宁夏 2030 年工业用水量为 5.21 亿 m³。

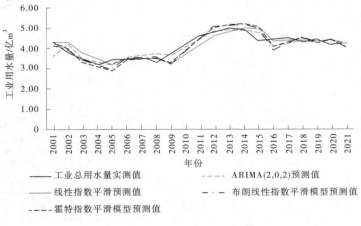

图 3-8　几种模型工业用水量预测模型拟合曲线

表 3-12 几种工业用水量预测模型预测结果

项目	年份	实际值/亿 m³	ARIMA(2,0,2) $R^2=0.78$		简单指数平滑模型 $R^2=0.73$		布朗线性指数平滑模型 $R^2=0.71$		霍特指数平滑模型 $R^2=0.72$	
			模拟值/亿 m³	相对误差/%	模拟值/亿 m³	相对误差/%	模拟值/亿 m³	相对误差/%	模拟值/亿 m³	相对误差/%
训练样本	2001	4.32	3.63	−15.97	4.32	0	4.14	−4.17	4.32	0
	2002	3.77	4.23	12.20	4.32	14.59	3.98	5.57	3.96	5.04
	2003	3.48	3.47	−0.14	3.77	8.49	3.29	−5.32	3.31	−4.75
	2004	3.22	3.30	2.64	3.48	8.24	3.12	−2.95	3.1	−3.58
	2005	3.45	3.17	−8.12	3.22	−6.67	2.93	−15.07	2.9	−15.94
	2006	3.47	3.55	2.33	3.45	−0.55	3.52	1.47	3.41	−1.70
	2007	3.52	3.63	3.04	3.47	−1.50	3.52	−0.09	3.46	−1.79
	2008	3.33	3.76	12.88	3.52	5.67	3.57	7.18	3.54	6.27
	2009	3.68	3.66	−0.44	3.33	−9.41	3.22	−12.40	3.25	−11.59
	2010	4.12	4.09	−0.80	3.68	−10.74	3.87	−6.14	3.81	−7.59
	2011	4.64	4.49	−3.23	4.12	−11.21	4.5	−3.02	4.41	−4.96
	2012	4.86	4.87	0.21	4.64	−4.53	5.12	5.35	5.04	3.70
	2013	5.01	4.92	−1.80	4.86	−2.99	5.17	3.19	5.17	3.19
	2014	4.98	4.92	−1.17	5.01	0.64	5.2	4.46	5.24	5.26
	2015	4.35	4.76	9.35	4.98	14.40	5.01	15.09	5.08	16.70
	2016	4.39	4.15	−5.45	4.35	−0.89	3.93	−10.46	4.09	−6.81
平均相对误差		—		5.45		5.91		10.46		6.81
检测样本	2017	4.52	4.27	−5.45	4.39	−2.79	4.26	−5.67	4.28	−5.23
	2018	4.34	4.4	1.29	4.52	4.05	4.57	5.20	4.52	4.05
	2019	4.43	4.27	−3.55	4.34	−1.97	4.25	−4.00	4.26	−3.77
	2020	4.19	4.41	5.20	4.43	5.68	4.45	6.15	4.43	5.68
	2021	4.24	4.27	0.61	4.19	−1.27	4.04	−4.81	4.07	−4.10

续表 3-12

项目	年份	实际值/亿 m³	ARIMA（2,0,2）$R^2=0.78$		简单指数平滑模型$R^2=0.73$		布朗线性指数平滑模型$R^2=0.71$		霍特指数平滑模型$R^2=0.72$	
			模拟值/亿 m³	相对误差/%	模拟值/亿 m³	相对误差/%	模拟值/亿 m³	相对误差/%	模拟值/亿 m³	相对误差/%
平均相对误差	—		3.22		3.15		5.17		4.57	
预测值	2030	—	5.21		4.24		4.12		3.95	

（二）宁夏生活用水预测

生活用水量与地区人口、经济社会发展水平等因素紧密联系，在建立预测模型环节发现多数依赖历史数据的预测模型对生活用水量的预测结果都不理想，时间序列预测模型由于只关注数据本身的变化趋势，因此缺乏对人口增长因素的关注。对此，考虑利用地区用水人口与人均日用水量预测地区生活用水量。具体方法为：利用时间序列模型对人均日用水量展开单因素预测，常住人口可利用宁夏已有空间规划要求进行合理计算，两者结合得到生活用水量。这种方法即充分考虑地区人口规模因素，也能发挥出时间序列预测模型的计算优势。

利用 2001~2021 年人口、生活用水量数据估算自治区人均日用水量，并利用 ARIMA 模型进行预测，预计到 2030 年，自治区人均日用水量为 155.86 L，具体结果见图 3-9、表 3-13。根据《宁夏新型城镇化十四五规划》，2025 年宁夏常住人口城镇化率达到 69%，预计 2030 年将达到 70%~74%；根据《宁夏生态保护与高质量发展水资源保障专题报告》（宁夏水利厅）拟定的人口综合增长率，全区综合平均约为 16.0‰，结合人口增长率与城镇化率计算至 2030 年，全区常住人口约为 832.06 万，预测全区 2030 年生活用水量为 4.73 亿 m³（见表 3-14）。

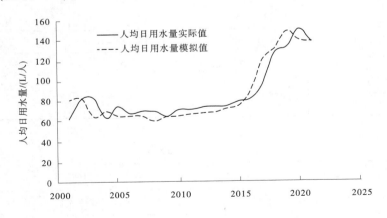

图 3-9　人均日用水量预测模型拟合曲线

表 3-13　人均日用水量预测模型的预测结果

项目	年份	实际值/ [L/(人·d)]	ARIMA(1,0,1) $R^2 = 0.89$	
			模拟值/[L/(人·d)]	相对误差/%
训练样本	2001	81.27	62.91	−22.59
	2002	82.86	82.34	−0.63
	2003	64.43	83.41	29.46
	2004	69.56	63.77	−8.32
	2005	65.28	74.67	14.39
	2006	65.27	67.75	3.80
	2007	65.17	69.87	7.21
	2008	60.48	69.75	15.33
	2009	64.53	65.39	1.34
	2010	65.14	71.11	9.16
	2011	66.84	70.90	6.08
	2012	67.97	73.28	7.81
	2013	68.47	74.63	8.99
	2014	72.27	75.13	3.96
	2015	75.48	79.61	5.47
	2016	89.62	82.50	−7.94
平均相对误差				9.53
检测样本	2017	120.43	97.83	−18.77
	2018	131.63	127.67	−3.01
	2019	148.78	133.15	−10.51
	2020	140.54	150.85	7.33
	2021	138.69	138.66	−0.02
平均相对误差				7.93
预测值	2030		155.86	

表 3-14　宁夏人口预测　　　　　　　　　　　　单位:万人

2025 年			2030 年		
常住人口	城镇人口	乡村人口	常住人口	城镇人口	乡村人口
768.74	503.71	263.34	832.06	583.90	246.58

第四章　河湖水生态环境演变

第一节　水生态环境问题

一、河道断流

宁夏河流众多,流域面积大于 1 000 km² 的就有 15 条,多为季节性河流。因宁夏降水量较小,大部分地区为干旱半干旱地区,河道径流量较低,甚至会处于断流状态。20 世纪七八十年代兴修水利,河道被一座座水库拦截,加剧了断流现象。据统计,宁夏共有 5 条河流出现过断流情况,其中兰州至河口镇区间有苦水河、红柳沟、清水河,龙门至三门峡区间有渝河和蒲河。断流次数最多、断流天数最多的河流(河段)为清水河,上中下游合计断流年份 38 年,最长断流天数 96 d,主要发生在上游和下游;断流长度最长的为红柳沟,最长断流长度为 107 km,最长断流天数 92 d,仅次于清水河。各河流断流主要集中发生在 1980~2000 年。主要原因是上游天然来水不足,水库拦蓄和水资源开发利用过度导致。进入 21 世纪后,水生态环境得到重视,相关部门对河流取水断面进行实时监控,随着河长制实施,断流问题得到了一定的解决,河道断流频率大大降低,2010~2020 年仅发生两次断流。

二、湖泊湿地面积萎缩

素有"塞上江南"美誉的银川平原上散落了众多湖泊、沼泽,湿地资源非常丰富。随着社会发展的需要,人类工程活动对其产生了巨大的影响。排灌系统逐步完善,地下水开采量逐年增加,地下水被大量抽取利用,导致区域地下水位逐年下降。例如:银川西夏区因井群过于集中,1986 年漏斗面积为 262 km²,2000 年就快速发展为 453 km²,银川、石嘴山市由于地下水过量开采,形成区域性降落漏斗近 500 km²。地下水位下降导致湖泊湿地下渗量增加,天然来水补给不足,湖泊和湿地面积逐年缩小,密集的城市道路加速了城市内湖泊边缘硬化,使湖泊生态功能衰减,水生物受到了很大的影响。2000 年后宁夏对重点湖泊进行了湿地生态恢复建设,一定程度上缓解了局部地区湖泊萎缩的状况。直到 2020 年,湖泊、池塘、湿地等总面积依旧表现出减少趋势,但减少速率有所降低。

三、水土流失严重

人口逐年增加,土地压力变大,发生一系列滥垦、滥牧、乱挖药材等行为,且生态意识不够,造成了很多不合理的种植结构和种植方式,导致水土流失面积达到了全区的 60%,是全国最严重的省份之一。加之气候发生变化,大多河道径流逐渐减少,甚至常年断流,河流生态功能大幅衰减。21世纪以来,宁夏实施了退耕还林、"三北"防护林等一系列水土保持措施。截至2020年,水土流失面积减少了2.1万km²,水土流失状况得到了根本好转,但全区尚未治理的水土流失面积仍占40%,全区多年平均输沙量8 000万t,侵蚀程度和危险系数较高的地区依然存在。

四、局部水污染现象仍然存在

宁夏地区经济尚不发达,有限的一些工矿企业废水废气的排放、农田施放化肥农药的排水,对水环境造成了一定程度的污染。2000年前,黄河下河沿站入境水体水质类别为Ⅲ类,出境石嘴山站水体水质类别为Ⅳ～Ⅴ类,各支流水质类别为超Ⅴ类,污染物超标几十倍,有3个中型水库已严重污染。近十几年来,宁夏已先后对冶金、电力、煤炭、建材等行业的近百个重点污染项目进行了综合整治,从源头上有效控制了污染物的传播,据《宁夏回族自治区环境状况公报》,2020年黄河宁夏段已经连续四年保持Ⅱ类优质水,劣Ⅴ类水体和城市黑臭水体全面消除,各控制断面优良比例达到了93.3%,比2000年有了很大的好转,但是局部污染状况仍然存在,水源、土地等方面的污染治理技术现在仅是起步阶段。

五、生物多样性受到威胁

人类活动对自然环境造成了很大的负面影响,改变了环境现状,破坏了原有的生物群体结构和生存环境。尽管宁夏在生态建设方面已经采取了一些措施,但还是有一些濒危物种失去了栖息地,生物的物种多样性、种群多样性、遗传多样性等仍然受到严重威胁。此外,由于宁夏的森林面积较小,全区森林覆盖率仅8.7%,低于全国平均水平,加之生态环境的脆弱性及自然条件的严酷性和破坏后的不易恢复性,也使得宁夏在生物多样性的保护上存在较大的问题和技术难度。

六、灌区土壤盐渍化问题

宁夏平原灌区北部地势低平、地下水位高、排水不畅等,造成土壤盐渍化,20世纪60年代时,灌区盐渍化面积达到67%。经60多年的艰苦努力,对排水系统进行改善,大力发展高效节水灌溉,情况已有所好转,尤其是2000年后,通过采取水利、农业、林业和科技等综合治理措施,集中连片治理了200多万亩土地,2018年还提出了《红寺堡区9.6万亩盐碱地综合治理规划》。现仍有199万亩盐渍化耕地,占引黄灌区面积的20.2%,这些耕地是开垦盐荒地所致,仍在进一步改良中。此外,灌区下游因排水系统不够完善,土壤盐碱化情况仍较严重。由于部分灌区依然存在布局不当和排水设施不够健全等问题,有发生较大面积土壤次生盐渍化的隐患。

总之,宁夏由于其特殊的地理环境和气候条件,自然条件严酷,生态环境脆弱,恢复力差,自然生态系统功能偏低,环境容量小,抵御自然灾害和人为破坏的能力薄弱。这些将直接影响到宁夏经济社会的发展,解决这些问题势在必行。

第二节　河流径流量变化及影响因素

一、河流水文变化特征

宁夏径流具有总量少、地区变化大、年内分配不均、年际变化大的特点。1956~2020年,全区平均年径流量 9.056 亿 m³,折合径流深 17.5 mm,较二次评价的 9.493 亿 m³ 减少 0.437 亿 m³,是黄河流域平均值的 1/4,是全国均值的 1/15。

(一)空间变化

宁夏地区年径流地区分布和降水一样很不均匀,分布主要受气候、降水、地形、地质等条件的综合影响,既有地带性变化和垂直变化,也有局部地区的特殊变化。宁夏径流分布主要呈现山地大、台地小、南部大、北部小的特点。年径流深由南部六盘山区东南侧的 300 mm,向北递减至引黄灌区边缘不足 3 mm,相差百倍多。全区径流深分布大致与年降水量相应,有两个最值中心,南部六盘山和北部贺兰山,中心年径流深分别为 300 mm 和 40 mm。若以流域分区,各区径流深有泾河流域 62.9 mm,葫芦河流域 43.1 mm,黄河右岸诸沟 2.6 mm,苦水河流域 3.1 mm,盐池内流区 3.4 mm,干塘内陆区 2.5 mm;若以行政区而言,则有固原市 49.7 mm,银川市 12.8 mm,石嘴山市 20.2 mm,中卫市 8.1 mm,吴忠市 5.8 mm。

年径流量中,从河流来看,泾河干流与葫芦河共占 50%(面积共占全区的 8.4%),清水河占 19.2%(面积占全区的 26.1%),黄河右岸诸沟、苦水河流域、盐池内流区共占 5.0%(面积共占全区的 31.0%)。从行政区来看,固原市占 58.4%,吴忠市占 10.7%,中卫市占 12.1%,银川市占 9.8%,石嘴山市占 9.0%。径流分布地域差异极大,除六盘山和引黄灌区外,其余地区地表水资源相当贫乏,中部地区尤为稀缺。

(二)年内变化

径流年内变化主要取决于年内来水量的补给条件。宁夏河川径流量的主要补给来源为降水,所以径流的季节变化与降水的季节变化关系十分密切。选取了 4 个主要河流的代表站,由北到南,年径流月分配情况见图 4-1~图 4-4。

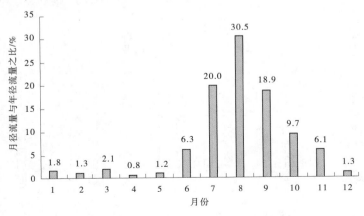

图 4-1　大武口沟大武口水文站年径流月分配

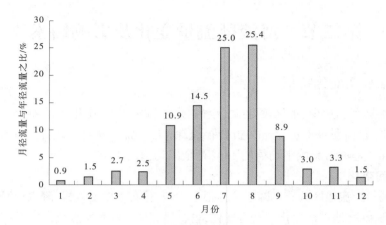

图 4-2 苦水河郭家桥水文站年径流月分配

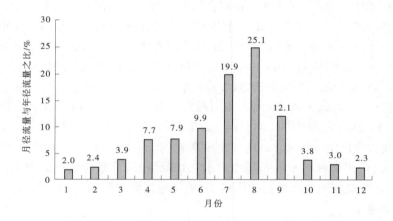

图 4-3 清水河泉眼山水文站年径流月分配

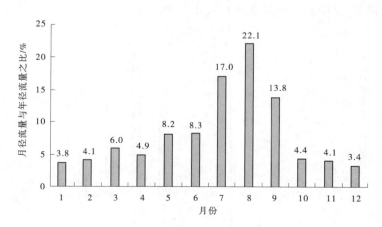

图 4-4 茹河彭阳水文站年径流月分配

由于 70% 以上的降水集中在汛期的 6~9 月,全区大部分地区 70%~80% 的径流集中在汛期内,8 月径流量最大,占年总量的 20%~40%;冬季(11 月至次年 3 月)由于降水较少,径流主要靠地下水补给,冬季径流量仅占年径流量的 20% 左右,其中 1 月最小,占年总量的 2%~4%。

因降水量由南到北依次减少,径流年内变化也随之依次变大。位于宁夏北部的大武口沟径流集中在 6~11 月,占 91.5%,其余月份占比不足 2%,最大月份与最小月份相差 38 倍,年内径流分布极其不均。相对来说,宁夏南部的茹河径流年内分布较为均匀,汛期占比为 61.2%,非汛期每月占比在 3%~9%,最大最小倍比仅为 5.8。苦水河与清水河年内分布程度处于两者之间,最大最小倍比分别为 28.22 和 12.55。

夏粮作物主要生长期的 4~6 月径流量,一般占年径流量的 15% 左右,由于汛期暴雨集中,往往产生局部暴雨洪水,引起局地洪灾。单站年径流量月分配的不均匀性比降水量还大。

(三)不同时段变化

宁夏河流众多,流域面积有大有小,小流域代表性不强,所以本次只讨论流域面积在 1 000 km² 以上的河流。最主要的流经河流为黄河,横穿宁夏西北部,干流出入境断面能从整体上判断黄河在宁夏内的径流变化,所以选取该断面进行分析,水文站分别为下河沿站和石嘴山站;其余 1 000 km² 以上的一级支流有 5 条,选择了 7 个代表水文站,分别为清水河的固原站、韩府湾站和泉眼山站,苦水河的郭家桥站,红柳沟的鸣沙洲站,泾河干流的泾河源站,泾河二级支流茹河的彭阳站。宁夏河流径流变化分析代表站点分布见图 4-5。

为了更好地对比分析径流的年际变化情况,根据人类活动的影响,可大致将 1956~2020 年划分为 3 个时段:1956~1980 年科学技术不足,工程较少,人类活动对径流影响较弱;1981~2000 年,人们开始系统地建设一些水利工程,掀起一阵工程高潮,但忽略了生态环境保护;2000~2020 年,人们意识到保护生态环境的重要性,一系列生态工程问世,以生态为先。3 个时段(全年、汛期和非汛期)径流量变化情况见表 4-1。汛期为 6~9 月,非汛期为年内其他各月。

1. 黄河干流

黄河代表站点下河沿站和石嘴山站仅有 1956~2016 年数据,逐年径流变化如图 4-6、图 4-7 所示。两个断面的天然年径流量和实测年径流量均呈不断降低的趋势,实测年径流量较天然径流量下降幅度更大。从年内分布来看,汛期来水持续减少,非汛期不同时段来水呈微弱减小趋势或基本不变。

下河沿断面相较于 1956~1980 年,2001~2016 年全年天然和实测年径流量分别降低了 7.2% 和 17.6%,在 1985 年前天然径流和实测径流基本吻合,人类活动的影响可忽略不计,1985 年后,相对石嘴山断面来说,天然、实测两者相差较小,差值基本在 30 亿 m³ 之内,表明该断面人类利用水量较少,与下河沿是入境断面有很大关系。汛期时,不同时段汛期天然和实测径流量呈不断降低的趋势,天然径流量由 184.7 亿 m³ 降低为 167.1 亿 m³,实测径流量由 173.8 亿 m³ 降低为 113.2 亿 m³,相较于 1956~1980 年,2001~2016 年下河沿断面汛期天然和实测径流量分别降低了 9.5% 和 34.9%,汛期实测径流量下降幅度

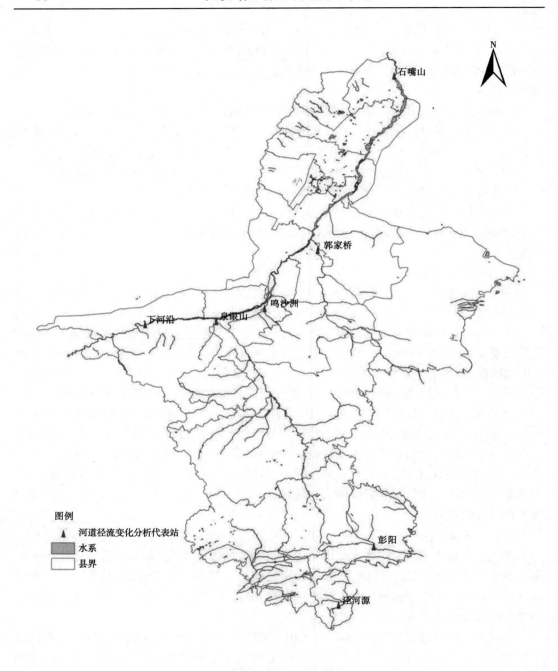

图 4-5　宁夏河流径流变化分析代表站点分布

表4-1 主要河流3个时段径流量变化情况

河流	断面	天然									实测								
		1956~1980年			1981~2000年			2001~2020年			1956~1980年			1981~2000年			2001~2020年		
		全年	汛期	非汛期	全年	汛期	非汛期	全年	汛期	非汛期	全年	汛期	非汛期	全年	汛期	非汛期	全年	汛期	非汛期
黄河干流	下河沿	327.6	184.7	142.9	316.7	183.1	133.6	304.0	167.1	136.9	324.0	173.8	150.2	287.4	134.2	153.2	267.0	113.2	153.8
黄河干流	石嘴山	327.8	183.8	144.0	316.0	181.8	134.2	306.2	168.7	137.5	298.4	156.8	141.6	260.1	118.1	142.0	232.1	92.5	139.6
清水河	固原	0.171			0.151			0.068	0.032	0.036	0.134	0.073	0.061	0.074	0.046	0.028	0.038	0.019	0.019
清水河	韩府湾	1.425			1.349			0.724	0.447	0.277	0.841	0.531	0.310	0.527	0.427	0.100	0.214	0.138	0.076
清水河	泉眼山	2.140	1.537	0.603	1.872	1.314	0.558	1.492	0.767	0.725	1.160	0.832	0.328	1.117	0.828	0.289	1.145	0.570	0.575
苦水河	郭家桥	0.151	0.120	0.031	0.176	0.132	0.044	0.171	0.117	0.054	0.400	0.297	0.103	1.322	0.918	0.404	1.338	0.784	0.554
红柳沟	鸣沙洲	0.062	0.038	0.024	0.069	0.036	0.033	0.063	0.039	0.024	0.099	0.083	0.016	0.146	0.106	0.040	0.148	0.082	0.066
泾河	泾河源	0.546	0.340	0.206	0.438	0.255	0.183	0.438	0.234	0.204	0.427	0.315	0.112	0.438	0.255	0.183	0.437	0.234	0.203
泾河	彭阳	0.590			0.547			0.254	0.161	0.093	0.381	0.230	0.151	0.429	0.297	0.132	0.209	0.113	0.096

注:黄河干流下河沿站和石嘴山站仅有1956~2016年数据。

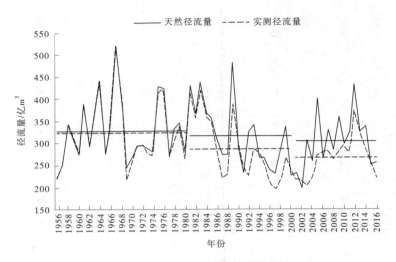

图4-6　下河沿断面年径流变化情况

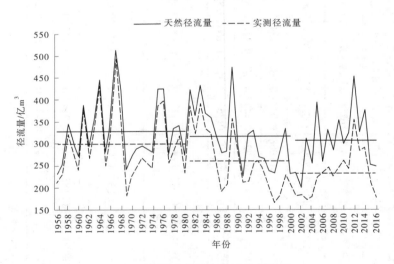

图4-7　石嘴山断面年径流变化情况

更大。非汛期时,3个时段天然径流量分别为142.9亿 m³、133.6亿 m³ 和136.9亿 m³,实测径流量分别为150.2亿 m³、153.2亿 m³ 和153.8亿 m³,天然径流量呈现微弱的下降趋势,相较于1956~1980年,1981~2000年天然径流量降低了6.5%,而实测径流量变化较小。

　　石嘴山断面为出境断面,可以很好地体现宁夏境内对黄河干流的取用情况。在1970年前,天然径流与实测径流吻合性较好,说明该时期人类活动对径流基本没有影响。1970年后,天然径流和实测径流开始有差值,且差值越来越大,人类对黄河水的利用量逐渐增加。该断面天然年均径流量从327.8亿 m³ 降低到306.2亿 m³,实测年均径流量由298.4亿 m³ 降低到232.1亿 m³,分别降低了6.6%和22.2%,实测径流量下降幅度更大。汛期时,天然径流量由183.8亿 m³ 减小为168.7亿 m³,实测径流量由156.8亿 m³ 减小为92.5亿 m³,皆呈现不断降低的趋势,相较于1956~1980年,2001~2016年该断面天然和实测年径流量分别降低了 8.2% 和 41.0%,实测径流量下降幅度更大。非汛期时,天然径流量分别为 144.0 亿 m³、134.2 亿 m³ 和 137.5 亿 m³,实测径流量分别为 141.6 亿 m³、142.0 亿 m³ 和 139.6 亿 m³,没有明显的变化趋势,较为平稳。

2. 清水河

清水河 3 个断面年径流量变化情况见图 4-8~图 4-10。天然径流皆呈现下降趋势,实测径流因人类利用不同有所差别。固原站和韩府湾站缺少 1956~2020 年天然径流汛期与非汛期数据,故该部分不做分析。

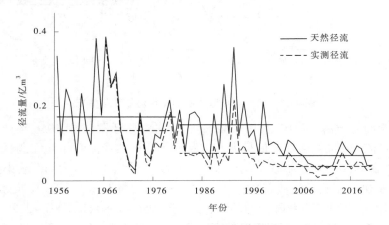

图 4-8　清水河固原断面年径流量变化情况

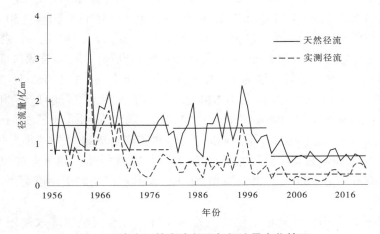

图 4-9　清水河韩府湾断面年径流量变化情况

固原站因处于上游源头,所以径流较小,且年均天然径流和年均实测径流皆呈现不断降低的趋势,天然径流从 0.171 亿 m³ 减小到 0.068 亿 m³,实测径流从 0.145 亿 m³ 减小到 0.038 亿 m³,分别下降了 60.2%、73.8%。实测径流在汛期、非汛期也呈现不断降低的趋势,相较于 1956~1980 年,2001~2020 年实测径流量分别降低了 74%、68.9%,下降幅度都很大。1982 年后实测径流开始低于天然径流,1982~2002 年差值最大,之后差值减少,主要因为 2002 年后径流量较低,可利用量较少。

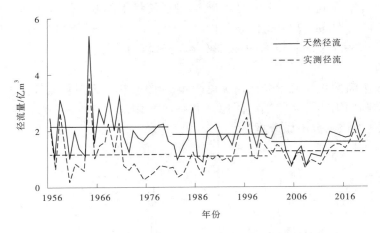

图 4-10　清水河泉眼山断面年径流量变化情况

　　韩府湾断面处于清水河中游,用水需求较大,水资源开发较早,1956 年开始实测径流就低于天然径流,20 世纪后期差值最大。该断面年均天然径流和年均实测径流呈现下降趋势,天然径流 1956~2000 年基本趋于稳定,2000 年后从 1.349 亿 m³ 减小到 0.724 亿 m³,下降了 46.0%,实测径流从 0.841 亿 m³ 减小到 0.214 亿 m³,下降了 74.6%。实测径流在汛期、非汛期也呈现不断降低的趋势,相较于 1956~1980 年,2001~2020 年实测径流量分别降低了 74%、75.5%,下降幅度较高。

　　泉眼山断面位于清水河与黄河交汇处,是清水河中径流量最大的断面。60 年间天然年均径流量呈不断降低趋势,由 2.140 亿 m³ 减少到 1.492 亿 m³,下降率 30.3%。3 个时段实测径流量稍有起伏,分别为 1.160 亿 m³、1.117 亿 m³ 和 1.145 亿 m³,总的变化量较少,没有明显的变化趋势,趋于稳定,主要是由于韩府湾断面以下,扬黄灌区灌溉回归水增加所致。汛期时,天然径流量分别为 1.537 亿 m³、1.314 亿 m³ 和 0.767 亿 m³,实测径流量分别为 0.832 亿 m³、0.828 亿 m³ 和 0.570 亿 m³,都呈现不断降低的趋势,相较于 1956~1980 年,2001~2020 年泉眼山断面汛期天然和实测径流量分别降低了 50.1% 和 31.5%,汛期天然径流量下降幅度更大。非汛期时,天然和实测径流量呈先减小后增大的趋势,1981~2000 年非汛期天然和实测径流量最低,2001~2020 年非汛期天然和实测径流量最高,较 1981~2000 年分别增大了 30.1% 和 99.3%,实测径流量增大幅度更大。

　　3. 苦水河

　　苦水河郭家桥断面年径流量变化情况见图 4-11。苦水河地区降水量较小,导致径流量较低,年均天然径流在 0.176 亿 m³ 左右浮动,变化不大,年均实测年径流量呈先增大后减小的趋势,1956~1980 年最低,1981~2000 年最高,相较于 1956~1980 年,1981~2000 年郭家桥断面实测年径流量增大了 230.4%。实测径流在 1975 年后远高于天然径流,进入 21 世纪后有所降低,但仍是天然径流的 6 倍左右。这主要是由于郭家桥断面位于灌区,上游有灌区排水且对实测径流有较大影响,2000 年以后随着实施灌区高效节水,排水量明显下降,随之实测径流也逐步减小。

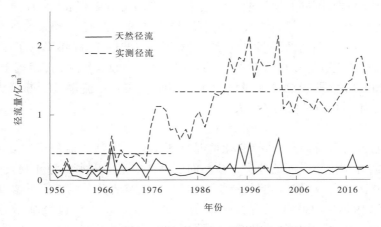

图 4-11　苦水河郭家桥断面年径流量变化情况

从年内分布来看,不同时段汛期天然径流量变化较小,基本保持在 0.120 亿 m³ 左右,无显著性变化。汛期实测径流量分别为 0.297 亿 m³、0.918 亿 m³ 和 0.784 亿 m³,呈先增大后减小的趋势,1981~2000 年最高,比 1956~1980 年汛期实测径流量增大了 208.7%。非汛期时,天然和实测径流量呈不断增大的趋势,天然径流从 0.031 亿 m³ 增加到 0.054 亿 m³,实测径流从 0.103 亿 m³ 增加到 0.554 亿 m³,分别上升了 73.1% 和 440.2%,实测径流上升幅度更大,主要与灌区排水有关。

4. 红柳沟

红柳沟鸣沙洲断面年径流量变化情况见图 4-12。红柳沟相对来说是一条较小的河流,径流量是主要河流里最小的。年均天然径流量在 0.065 亿 m³ 上下浮动,整体变化较小,没有明显的增减趋势。年均实测径流量在 20 世纪七八十年代从 0.099 亿 m³ 增加到 0.148 亿 m³,1980 年后趋于稳定,相比于 1956~1980 年,实测年径流量增大了 215.5%。实测径流高于天然径流,造成这种现象的原因与苦水河相似,也属于黄河灌区,受灌区排水影响所致。

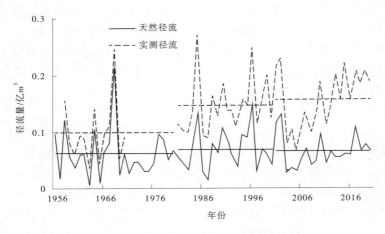

图 4-12　红柳沟鸣沙洲断面年径流量变化情况

　　从年内分布来看,不同时段汛期天然径流量保持在 0.038 亿 m³ 左右,整体变化较小,无明显趋势,而实测径流量呈先增大后减小的趋势,1981~2000 年最高,2001~2020 年最低,2001~2020 年鸣沙洲断面汛期实测径流量相较于 1981~2000 年降低了 23.0%。不同时段非汛期天然径流量呈先增大后减小的趋势,1981~2000 年最高,相较于 1956~1980 年,1981~2000 年非汛期天然径流量增大了 50.0%。实测径流量呈不断增大的趋势,由 0.016 亿 m³ 增加到 0.066 亿 m³,增大了 307.4%。

　　5. 泾河干流

　　泾河干流泾河源断面年径流量变化情况见图 4-13。泾河干流位于宁夏最南端,所占面积较小,泾河源站位于泾河的源头。该断面宁夏区域范围内水资源开发较小,人类利用不多,导致年均天然径流量与实测径流量基本相等,人类活动对径流的影响趋近于零。年均天然径流在 1956~1980 年呈现减小趋势,1980 年后天然年径流基本趋于稳定,在 0.440 亿 m³ 上下变化,比 1956~1980 年下降了 20%。实测年径流在 0.430 亿 m³ 上下变化,整体无明显增减趋势。

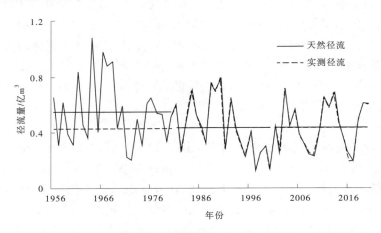

图 4-13　泾河干流泾河源断面年径流量变化情况

　　从年内分布来看,不同时段汛期天然和实测径流呈不断降低的趋势,天然径流由 0.340 亿 m³ 减少到 0.234 亿 m³,实测径流由 0.315 亿 m³ 减少到 0.234 亿 m³,下降率分别为 31.2%、25.7%。不同时段非汛期天然径流量在 0.200 亿 m³ 左右浮动,整体变化不大,没有明显的增减趋势,非汛期实测径流量呈不断增大的趋势,由 0.112 亿 m³ 增加到 0.203 亿 m³,增加了 81.2%。

　　6. 泾河支流

　　泾河支流彭阳断面年径流量变化情况见图 4-14。彭阳断面处于泾河的二级支流,缺少 1956~2020 年天然径流汛期与非汛期数据,故该部分不做分析。天然年径流量和实测年径流量基本呈不断降低的趋势。天然年径流量由 0.590 亿 m³ 减少到 0.254 亿 m³,降低了 56.9%;实测年径流量 1981~2000 年比 1956~1980 年时段稍增加了 0.048 亿 m³,但整体趋势基本不变,2001~2020 年减少为 0.209 亿 m³,相比于 1956~1980 年降低了 45.1%。

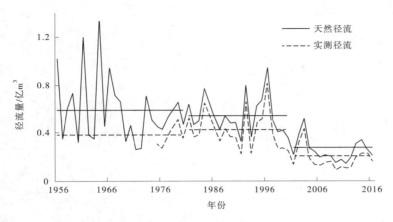

图 4-14　泾河支流彭阳断面年径流量变化情况

从年内分布来看,不同时段汛期实测径流量由 0.230 亿 m³ 降低到 0.113 亿 m³,呈不断降低的趋势,下降率为 62.0%;非汛期实测径流量由 0.151 亿 m³ 降低到 0.096 亿 m³,呈不断降低的趋势,相较于 1956～1980 年,2001～2020 年彭阳断面非汛期实测径流量降低了 36.4%。

二、径流变化影响因素分析

影响河流形成及其分布的主要因素有气候因素(如降水、蒸发、气温等)和下垫面条件(如地形、地质、植被、湖泊、沼泽等),此外,人类活动对其也有重要影响。这些因素大多会对河流的径流产生影响,从而对周边的水文生态环境产生影响。对这些因素进行分析研究,可为河流治理提供理论依据。

(一)气候变化

1.降水

许多研究表明,气候因素中对径流影响最大的为降水,降水可直接影响径流量的多少,从而影响周边水生态环境。对比宁夏全区 1956～2020 年的年降水量和径流量(见图 4-15),由图中趋势线可知,降水量与径流量皆呈现微弱的下降趋势,降水量的下降斜率为-0.699,径流量的下降斜率为-0.039。从宁夏全区整体上来看,径流量和降水量的变化趋势基本一致,径流量随降水的增加而增加,减小而减小,呈现"大水大流,小水小流"的规律,表明降水可能对径流变化影响较大。但是区域不同,降水对径流的影响力也不同,由南向北降水逐渐减少,径流受人类活动的影响也越来越大。

累计距平法依据曲线变化,可以进一步对水文时间序列变化趋势进行判断,降水量、径流量累计距平曲线如图 4-16 所示,图 4-16 中降水量、径流量曲线基本吻合,表明趋势基本相同,与上述分析结果一致,两者在 1956～1968 年呈增加趋势,20 世纪 70～90 年代末期大致趋于稳定,都在 1996 年左右发生突变,后降水量、径流量皆呈现减少趋势。

为了能定量分析降水径流相关性的大小,采用皮尔逊相关系数法计算两者的相关数值,结果见表 4-2。表中包含了不同时段降水与径流的相关性,可以更清楚地看出随着时

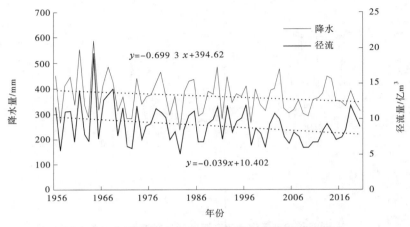

图 4-15　宁夏全区 1956~2020 年降水量、径流量趋势

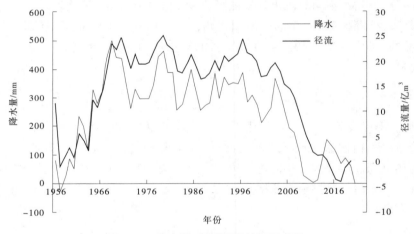

图 4-16　降水量、径流量累计距平曲线

代变化,降水与径流的相关性也在发生改变。

径流与降水 1956~2020 年的相关性为 0.89,呈现极显著的正相关关系。发生突变前,1956~1996 年降水与径流的相关系数为 0.93,表明径流与降水呈现正相关关系,且相关性极其显著;发生突变后,1996~2020 年径流与降水的相关性有所下降,相关系数为 0.74,表明降水对径流的影响稍有下降,有新的因素影响径流变化,如人类活动等。从各时代上看,降水与径流相关性最强在 20 世纪 80 年代,相关系数高达 0.97,后期各年代相关性逐渐下降,降水对径流的影响逐渐下降,但相关性都保持在 0.80 之上,表明降水在各时代对径流的影响都非常显著。

2. 气温

除降水外,气温也是影响河川径流的重要因素之一,气温可改变流域蒸发量或冰雪融化情况,从而影响径流量的多少。由于数据限制,本次研究主要讨论 1980~2016 年气温对径流的影响状况。

表 4-2 宁夏降水与径流不同时段相关系数

年份	1956~2020 年					
相关系数	0.89					
年份	1956~1996 年			1996~2020 年		
相关系数	0.93			0.74		
年份	1956~1970 年	1970~1980 年	1980~1990 年	1990~2000 年	2000~2010 年	2010~2020 年
相关系数	0.93	0.89	0.97	0.90	0.85	0.83

宁夏 1980~2016 年气温与径流的趋势变化如图 4-17 所示。径流在该时间段仍是下降趋势,下降斜率为 -0.04,径流量平均每年减少 0.04 亿 m³;气温与径流变化相反,呈增加趋势,增加斜率为 0.05,气温平均每年增加 0.05 ℃。整体上随着气温的升高,径流量呈现减小趋势。

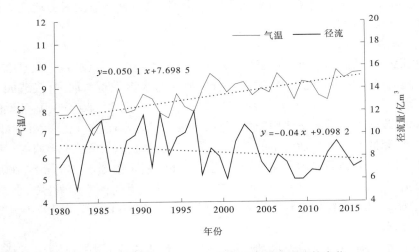

图 4-17 宁夏 1980~2016 年气温与径流的趋势变化

宁夏 1980~2016 年气温、径流的累计距平曲线如图 4-18 所示。径流基本呈现先增加后减小的趋势,1996 年后,径流基本为下降趋势,所以将 1996 年定为径流的突变年份。2000~2003 年,径流出现短暂的上升趋势,与气温升高导致常年的冰雪融化有关,后期温度持续升高,蒸发量较大,径流又呈现减小趋势。气温呈现先下降后上升的趋势,突变年份发生在 1996 年,与径流突变年份相同,表明气温变化与径流增减有一定的相关关系。

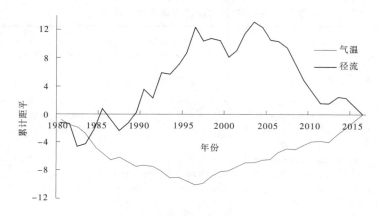

图 4-18　气温、径流累计距平

同样用皮尔逊相关系数法计算两者的相关数值,整体上 1980~2016 年气温与径流的相关系数为-0.29,表明两者之间呈现微弱的负相关关系,即当温度升高时,径流呈现下降趋势,但相关性较弱,远不如径流与降水间的相关性,所以气温会影响径流变化,但在气候因素中占比较小。发生突变前 1980~1996 年相关系数为-0.18,突变后 1996~2016 年相关系数为-0.12,突变后比突变前相关性有所下降,说明有其他因素占比变大或有新的因素加入,如人类活动等。

(二)人类活动

随着国民经济的高速发展,人类活动对下垫面条件的影响加剧,主要表现在以下几个方面:一是随着经济和社会的发展,河道外引用消耗的水量不断增加,直接造成河川径流量的减少,水文站实测径流已不能代表天然情况;二是由于工农业生产、基础设施建设和生态环境建设改变了流域的下垫面条件(包括植被、土壤、水面、耕地、潜水位等因素),导致入渗、径流、蒸散发等水平衡要素的变化,从而造成产流量的减少或增加;三是地表、地下调水工程影响。人类活动的影响在今后还会发生,在同量级降水情况下,2000 年以来产流量明显小于 20 世纪 80 年代、90 年代的产流量,其中汛期径流量明显减小,非汛期径流量略有增加。因人类各种水利措施的影响,产流变化较 20 世纪五六十年代趋于稳定。

1. 用水耗水

宁夏的供水系统由当地地表水、地下水、引扬黄河水组成。地表水供水系统主要由水库、塘坝及河道构成。引黄供水系统主要由引黄闸、渠组成,主要是卫宁、青铜峡两个引水灌区,直接从黄河引水的总干渠 17 条;扬黄供水系统由泵站组成,主要是指陶乐扬水灌区、固海、盐环定、红寺堡及个别企业等直接从黄河扬水的泵站。宁夏不同年份的供水统计见表 4-3。

地表水和引扬黄河水每年的供水量都在 65 亿 m³ 之上,占总供水量的 95% 左右。人类活动的取水用水可直接影响到水库下泄量及河流径流的多少,是影响径流波动的一大重要原因。

表 4-3　宁夏不同年份供水统计 　　　　　　　　　单位:万 m³

年份	地表水源供水量				地下水源供水量	污水处理回用	总供水量
	蓄水	引水	提水	小计			
1980	8 564	679 240	22 020	709 824	20 309	0	730 133
1985	10 044	684 020	35 280	729 344	28 735	0	758 079
1990	10 038	755 956	57 013	823 007	45 298	0	868 305
1995	9 322	748 366	82 961	840 649	49 506	0	890 155
2000	5 898	723 226	76 674	805 798	58 972	0	864 770
2005	7 290	638 250	81 830	727 370	53 380	0	780 750
2010	7 174	565 478	96 867	669 519	54 181	0	723 700
2015	9 414	524 456	116 561	650 431	51 369	1 870	703 670

2. 下垫面变化

2001~2020 年降水增加但径流减少,除取水、用水原因外,还有一个重要原因是下垫面条件的变化。宁夏西、北、东三面被沙漠包围,大部分地区处于干旱半干旱地区,再加上草场的过渡载畜、垦荒、樵采、挖药等一系列行为,导致宁夏土壤沙漠化形势严峻、河道断流、水土流失问题严重。2000 年以来,国家对生态问题的重视达到了一个新的高度,出台了一系列生态修复措施。

为了解决水土流失问题,宁夏依托"三北"防护林、天然林保护、退耕还林等国家重大林业工程,组织实施了封山禁牧、防沙治沙等重点生态工程,累计治理宁夏全区水土流失面积达到 15 965 km²,综合治理小流域 430 多条,治理程度达到 41%。尤其是泾源县、隆德县、彭阳县、西吉县、原州区等宁南黄土丘陵重点治理区的水土流失治理程度达到 48%~60%。通过治理,宁夏全区林草植被覆盖率有显著提高。根据统计显示,与 2000 年全区森林覆盖率不足 10% 相比,2020 年已经提高到了 13.8%,其中固原地区的植被覆盖率增加最大,实施效果最好。2000 年固原市森林覆盖率为 12.8%,目前森林覆盖率达到 25.1%,林草覆盖率达到 73%。此外,生态脆弱的中北部干旱草原风沙区通过封山禁牧、草原休养生息,草原植被覆盖度提高到 30%~50%,不毛之地披上了绿装,林草植被得到有效保护与恢复。

水土流失得到治理,得到改善中最直观的就是河流的输沙量的降低,与 1959~2000 年多年平均输沙量相比,宁夏各河流 1956~2020 年的多年平均输沙量都呈减少趋势,其中大武口沟变化幅度最大,下降了 20%,清水河泉眼山断面输沙量减少最多,达到了 269 万 t。良好的植被覆盖度对减少流域的产流量也有明显作用。植被的冠层、根系以及其枯枝落叶可截留、增大土壤蓄渗能力、减缓坡面漫流,地表自然截留、入渗、填洼等能力增强,水土涵养能力明显提升,导致径流总量减少等而起到减少径流的作用。

3. 水利工程

由于气候条件原因,宁夏地区水资源缺乏,自古以来就建设了许多灌溉工程来解决用水问题。20世纪七八十年代科学技术有了完善,掀起了工程热潮,许多水利枢纽横空出世。青铜峡水利枢纽是宁夏较大型水库,1976 年投入运行,结束了宁夏无坝引水的历史,灌溉面积 36.67 万 hm^2,使灌区发展更进一步。1968 年运行的刘家峡水库和 1986 年运行的龙羊峡水库虽然不在宁夏范围,但有洪水调查表明,黄河宁夏河段径流的 93% 大都来自兰州以上河段的上游洪水,因此近年来宁夏河段的径流量及其过程也受刘家峡和龙羊峡水库运用的影响。水库的大规模调节洪水和径流过程,会使宁夏径流状况发生改变。

第三节　湖泊演变特征及原因

一、全区湖泊概况

宁夏引黄灌区湖泊湿地形成的主要原因是黄河干流的引水灌溉,由于宁夏平原开发了大规模的引黄灌溉渠道,形成了人工水文网(渠、沟、水库)及其人工湿地(运河、渔池等),在自然环境和人类活动的相互作用下形成许多湖泊湿地,区内绝大部分湖泊、沼泽,都依赖于引入的黄河水或其通过渠道、农田渗漏为地下水的补给,以及黄河河床水流对地下水的侧向补给。同时,沿黄灌区不断沉降的构造运动特点为湖泊湿地形成、发育和保存创造了条件。

根据宁夏地区第四纪地质的研究,一、二百万年以前,沿黄灌区是由断陷盆地造成的浩瀚大湖,封闭型的湖盆周边,堆积了洪积相的砂砾石。以后直到黄河原始河道形成,变为外流盆地,才出现了以河湖相为主的沉积,黄河在盆地内来回摆动,泥沙不断淤积,湖沼面积缩小,逐渐形成冲积平原。随着时间的推移,黄河频繁改道,便形成了大大小小的湖泊。

史前时期宁夏既存在大量淡水湖,又有很多咸水湖、盐湖。至汉武帝时期,宁夏平原开始得到大规模开发,兴修引黄灌溉渠道。到唐代、汉代,旧渠得到全面整修,并有新建扩建。明清以后,平原灌溉面积大规模扩展,特别是清初康熙、雍正两朝,新建了大清、惠农、昌润等渠,形成大量的渠间洼地积水成湖。到清代乾隆年间,仅宁夏府城附近即有长湖、月湖等有名的较大湖泊 48 个,河东、河西均有七十二连湖之说。据称"唐渠东畔,多潴水为湖,俗以其相连属,曰连湖,亦曰莲湖"。新中国成立后,由于建成了比较完整的排水沟系,许多浅水湖泊与积水洼地疏干了,现存湖泊的水深也大为缩小,季节性积水洼地的面积比过去减少更多。

根据 2010 年宁夏回族自治区湿地资源调查成果《中国湿地资源》(宁夏卷),宁夏湿地总面积为 2 072 km^2,分为河流湿地、湖泊湿地、沼泽湿地和人工湿地,其中湖泊湿地总面积 335 km^2。依据宁夏原林业厅 2017 年湿地资源调查,湖泊 2017 年总水面面积减少为 178 km^2,宁夏全区湖泊现状基本情况见表 4-4。

宁夏湖泊多分布在引黄灌区附近,大约占全区湖泊面积的 65%。永久性淡水湖占主导地位,占比 66%;库塘类湖泊占 15%;季节性咸水湖占 12%,主要分布在吴忠市;季节性淡水湖和永久性咸水湖数量较少,占比皆为 3.5%,季节性淡水湖主要分布在吴忠市,永久性咸水湖主要分布在固原市。宁夏全区重要湖泊的具体名录见表 4-5。

表 4-4　宁夏全区湖泊现状基本情况

市	湖泊湿地数量						水域面积/km²
	湖泊总数	永久性淡水湖	季节性淡水湖	永久性咸水湖	季节性咸水湖	库塘类湖泊	
银川市	86	64	0	2	3	17	74
石嘴山市	21	13	0	0	0	8	64
吴忠市	84	45	6	0	24	9	23
中卫市	38	32	2	2	1	1	15
固原市	5	1	0	4	0	0	2
合计	234	155	8	8	28	35	178

表 4-5　宁夏全区重要湖泊名录

市	重要湖泊	个数
银川市	阅海湖、鸣翠湖、黄沙古渡、鹤泉湖、宝湖、贺兰清水湖、长河湾、漫水塘湖、梧桐湖、章子湖、孔雀湖、丽景湖、燕鸽湖、小苑湖、银子湖、清水湖、海宝湖、龙眼湖、七子连湖、元宝湖、华雁湖、犀牛湖、金波湖、兴庆湖、文昌双湖、疙瘩湖、唐湾湖、龙头湖、孙家大湖、王家广湖(新银)、宋家湖、大湖、杨家湖、黄家湖、鱼湖、老湖、林场蒲湖、杨家大湖、马大湖、胶泥湖、银子湖、王家广湖(立强)、海子湖、弯子湖、庙头湖、垒古湖、大凹湖、席草湖、教场湖、南方湖、沿山湖、小草湖、下城湖、苏家湖、平原水库、鸭子荡水库、大蒲草湖、三道湖、南北大湖、北大湖、蒋家湖、胡家湖、马家湖、沙湖滩、如意湖、黄家湖(高渠村)、复兴渠北湖、姚家沙湖、庙湖、乔家湖、雷子湖、管子湖、月亮湖	73
石嘴山市	星海湖、镇朔湖、简泉湖、沙湖、明水湖、威镇湖、明月湖、高庙湖、西大湖、姚西湖	10
吴忠市	青铜峡库区、渔光湖、暖泉湖、哈巴湖、三道湖	5
中卫市	应理湖、千岛湖、天湖、腾格里湖、香山湖、小湖、亲河湖、清水湖、雁鸣湖	9
固原市	震湖	1
合计		98

　　比较湖泊面积，面积在 1 km² 以上的湖泊比较有代表性，宁夏常年水域面积在 1 km² 以上的湖泊有 25 个，包括星海湖、沙湖、阅海湖、鸣翠湖(孙家大湖)、鹤泉湖、哈巴湖、腾格里湖、天湖、震湖、北塔湖(海宝湖)、清水湖、银子湖、寇家湖、长河湾、临武盐场湖、镇朔湖、西大湖、明水湖、明月湖、威镇湖、高庙湖、简泉湖、香山湖、小湖、七子连湖。只有西吉的震湖在另一区间，其余的都在兰州至河口镇区间，本次研究主要分析这些湖泊的变化情况。常年水域面积在 10 km² 以上的湖泊有 5 个，为星海湖、沙湖、阅海湖、哈巴湖和腾格里湖，都在兰州至河口镇区间，其中沙湖的水域面积最大，为 34.09 km²。宁夏重点湖泊调查现状分布见图 4-19。

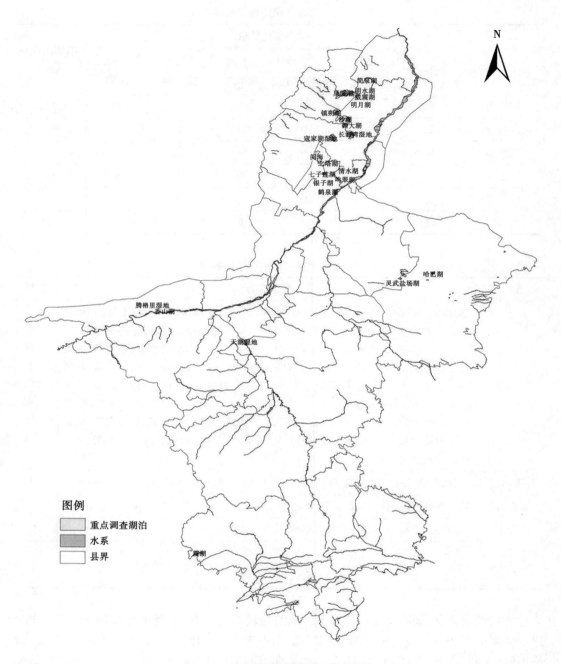

图 4-19　宁夏重点湖泊调查现状分布

二、重点湖泊演变特征

(一) 湖泊数据来源

本次的研究主要为面积大于 1 km² 的 25 个湖泊。各湖的监测不完善,受调查资料的限制,入湖水量资料不全,基本上没有出湖水量,仅有星海湖、沙湖、阅海湖 1986~2016 年年际湖泊面积数据,以及鹤泉湖、鸣翠湖、腾格里湖、天湖、银子湖和香山湖 6 个湖近 10 年的补水资料。湖泊水深变化参考了全国第一次水利普查和林业厅的第二次湿地资源调查资料,仅收集到 2000 年以后的水深情况,湖泊水深多数在 1~2.5 m,西吉的震湖水深最大,为 5.2 m 左右,据林业部门调查,湖泊水深近年来变化不大。

　　2001~2016 年湖泊面积采用林业厅的第二次宁夏湿地资源调查面积,并与全国第一次水利普查资料进行了对比;1980~2000 年各湖泊的面积,主要采用谷歌地图比较 1985 年、1990 年、1995 年 3 个年份的湖泊面积变化情况,因为大部分的湖泊面积在这 3 个年份变化不大,本次主要量算 1990 年湖泊面积,对个别湖泊面积变化较大的,取 2~3 个年份的湖泊面积的均值。

(二) 不同时段变化

　　1980~2000 年宁夏常年水域面积在 1 km^2 以上的 25 个湖泊的总水域面积为 124.82 km^2,2001~2016 年 25 个湖泊的总水域面积为 190.15 km^2, 2001~2016 年较 1980~2000 年湖泊面积增加 65.33 km^2。沙湖、星海湖、阅海湖为面积最大的 3 个湖泊且面积数据齐全,所以选取这 3 个湖泊为代表湖泊进行重点分析。

1. 沙湖

　　沙湖是宁夏面积最大的湖泊,1986~2016 年面积年际变化如图 4-20 所示。整体上沙湖水面面积呈明显的上升趋势,平均每年增加 0.44 km^2,2016 年的面积是 1986 年的 2.3 倍,21 世纪 10 年代后面积趋于平稳,无明显变化趋势。由图 4-20 中的累计距平曲线可知,面积在 2001 年前后发生突变,湖泊面积超过均值并继续增加,主要是因为进入 2000 年后,对沙湖进行了扩容工程,将周围沙漠化的土地逐渐转变为水面。

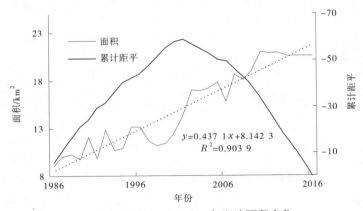

图 4-20　沙湖 1980~2016 年湖泊面积变化

2. 星海湖

　　星海湖 1980~2016 年湖泊面积变化见图 4-21。2000 年前面积波动较大,但无明显的变化趋势,进入 21 世纪前十年后,面积呈指数式增长,10 年代后趋于稳定,2016 年的面积是 1986 年的 3.87 倍,平均每年增加 0.51 km^2,是湖泊中增长倍比最高的湖泊。由累计距平曲线可知,面积在 2003 年前后发生突变,面积显著增加。主要是因为 2003 年开始对星海湖进行治理修复,增大湿地面积,恢复湖泊的生态功能。

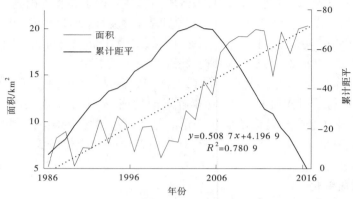

图 4-21　星海湖 1980~2016 年湖泊面积变化

3. 阅海湖

阅海湖 1980~2016 年湖泊面积变化见图 4-22。1980 年代后期水面面积增长,随后在 20 世纪 90 年代水面面积开始减小,大幅度面积增长主要集中在 21 世纪初期,2006 年后趋于稳定,水面变化极小。总体来说面积呈上升趋势,平均每年增加 0.15 km²,2016 年的面积是 1986 年的 2.3 倍。阅海湖面积也在 2003 年发生突变,这是因为 2003 年开始,阅海湿地先后实施了湖泊清淤除坝、退池还湖等措施,开展了阅海湖和典农河水系连通工程等湿地生态恢复建设,以及栖息地修复、鸟类监测等生态保护工作。

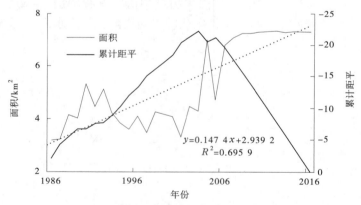

图 4-22　阅海湖 1980~2016 年湖泊面积变化

4. 其余湖泊

宁夏其余重点湖泊特征变化见表 4-6。84% 的湖泊面积都呈现稳定增加的趋势,仅有 4 个湖泊面积呈减小趋势,包括银川的鹤泉湖、清水湖,中卫市的天湖,石嘴山的明水湖。面积减少的原因大致与城市建设占地有关,蓄水量降低,面积也随之减少。剩余湖泊中面积增大最多的是哈巴湖,增大了 5.94 km²。其他湖泊面积增加不大,多数在 1 km² 以下。大多数湖泊面积增加的原因是近年来城市生态建设的需求,开挖湖泊、实施湿地生态恢复建设、水系连通工程,湖泊补水量增大,蓄水变量增大,湖泊水位上升引起的。

表 4-6　重点湖泊特征演变情况

序号	湖泊名称	涉及水资源二级区	入湖水量情况/万 m³		出湖水量情况/万 m³		湖泊水位变化/m			湖泊水量变化/万 m³			湖泊面积变化/km²			变化原因
			1980~2000年	2001~2016年	1980~2000年	2001~2016年	1980~2000年	2001~2016年	变化值	1980~2000年	2001~2016年	变化值	1980~2000年	2001~2016年	变化值	
1	鸣翠湖(孙家大湖)	兰州至河口镇		68				0.93	+0.93			0	1.6	2.4	+0.8	城市生态环境建设需要，开挖湖泊面积
2	鹤泉湖	兰州至河口镇	300	92	30	80	3	1.1	-1.9			0	2.75	2.53	-0.22	城市建设占地，蓄水量变化引起
3	哈巴湖	兰州至河口镇							0			0	1.89	7.83	+5.94	内陆湖受年度降水量不均影响严重
4	腾格里湿地	兰州至河口镇		118				2.05	+2.05			0	7.86	11.49	+3.63	城市生态环境建设需要，开挖湖泊面积
5	天湖湿地	兰州至河口镇	100	50	15	10	1.5	1.3	-0.2			0	8.82	7.42	-1.40	2003年治理
6	震湖湿地	龙门至三门峡						5.2	+5.2			0	2.08	2.73	+0.65	城市生态环境建设需要，开挖湖泊面积

续表 4-6

序号	湖泊名称	涉及水资源区二级区	入湖水量情况/万m³ 1980~2000年	入湖水量情况/万m³ 2001~2016年	出湖水量情况/万m³ 1980~2000年	出湖水量情况/万m³ 2001~2016年	湖泊水位变化/m 1980~2000年	湖泊水位变化/m 2001~2016年	湖泊水位变化/m 变化值	湖泊水量变化/万m³ 1980~2000年	湖泊水量变化/万m³ 2001~2016年	湖泊水量变化/万m³ 变化值	湖泊面积变化/km² 1980~2000年	湖泊面积变化/km² 2001~2016年	湖泊面积变化/km² 变化值	变化原因
7	北塔湖（海宝湖）	兰州至河口镇										0	2	2.25	+0.25	城市生态环境建设需要，开挖湖泊面积
8	清水湖	兰州至河口镇		417				0.3	+0.3			0	1.43	1.11	-0.32	城市建设占地，蓄水量变化引起
9	银子湖	兰州至河口镇										0	0.5	1.04	+0.54	城市生态环境建设需要，开挖湖泊面积
10	寇家湖湿地	兰州至河口镇										0	7.95	8.5	+0.55	城市生态环境建设需要，开挖湖泊面积
11	长河湾湿地	兰州至河口镇										0	3.1	4.42	+1.32	城市生态环境建设需要，开挖湖泊面积

续表 4-6

序号	湖泊名称	涉及水资源二级区	入湖水量情况/万m³		出湖水量情况/万m³		湖泊水位变化/m			湖泊水量变化/万m³			湖泊面积变化/km²			变化原因
			1980~2000年	2001~2016年	1980~2000年	2001~2016年	1980~2000年	2001~2016年	变化值	1980~2000年	2001~2016年	变化值	1980~2000年	2001~2016年	变化值	
12	临武盐场湖	兰州至河口镇										0	2.23	2.26	+0.03	基本一致,不同年代量算误差,蓄水量变化引起
13	镇朔湖	兰州至河口镇						2.6	+2.6			0	4.7	7.67	+2.97	1999年修建了两个新库区
14	西大湖	兰州至河口镇						0.6	+0.6			0	3.39	3.45	+0.06	基本一致,不同年代量算误差,蓄水量变化引起
15	明水湖	兰州至河口镇							0			0	2.88	2.41	-0.47	城市建设占地,蓄水量变化引起
16	明月湖	兰州至河口镇						0.5	+0.5			0	1.7	1.85	+0.15	基本一致,不同年代量算误差

续表4-6

序号	湖泊名称	涉及水资源二级区	入湖水量情况/万m³		出湖水量情况/万m³		湖泊水位变化/m			湖泊水量变化/万m³			湖泊面积变化/km²			变化原因
			1980~2000年	2001~2016年	1980~2000年	2001~2016年	1980~2000年	2001~2016年	变化值	1980~2000年	2001~2016年	变化值	1980~2000年	2001~2016年	变化值	
17	威镇湖	兰州至河口镇										0	1.44	1.8	+0.36	基本一致，不同年代计算误差、蓄水量变化引起
18	高庙湖	兰州至河口镇						0.7	+0.7			0	1.4	1.4	0	
19	简泉湖	兰州至河口镇										0	7.19	8.28	+1.09	城市生态环境建设需要，开挖湖泊面积
20	香山湖	兰州至河口镇		1 266				3.12	+3.12			0	1.1	1.13	+0.03	基本一致，不同年代计算误差、蓄水量变化引起
21	小湖	兰州至河口镇						2.46	+2.46			0	0.76	2.14	+1.38	城市生态环境建设需要，开挖湖泊面积
22	七子连湖	兰州至河口镇							0			0	2.1	2.2	+0.1	基本一致，不同年代计算误差、蓄水量变化引起

(三)湖泊变化原因

气候因素主要包括降水与蒸发。降水通过湖面降水和降水形成径流过程两种方式来补给湖泊,基本控制了湖泊的入湖量和出湖量。有些研究表明,当降水量增加13%时,入湖水量会增加64%左右,所以降水是湖水变化在气候因素中的主控因素;蒸发是气候因素中湖泊水量损失的主要途径,尤其是对小型浅水湖的影响更加剧烈。宁夏1980~2016年降水量与蒸发量趋势如图4-23、图4-24所示。年降水量呈现微弱的上升趋势,上升斜率为0.289 5,平均每年增加0.289 5 mm;年蒸发量呈现微弱的下降趋势,下降斜率为0.656 4,平均每年减少0.656 4 mm。降水量的增加和蒸发量的减少,同时使湖泊的面积有所增加。

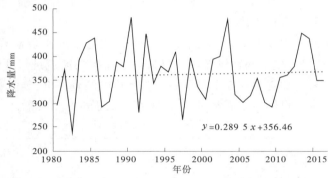

图4-23　宁夏1980~2016年降水量趋势

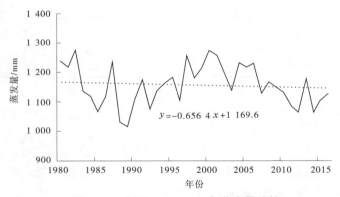

图4-24　宁夏1980~2016年蒸发量趋势

人类活动主要包括人们取水用水和修建的湖泊工程。人们取水用水是湖泊的主要支出,根据宁夏水资源公报数据,2000~2016年取水耗水呈现微弱的下降趋势,用水量平均每年下降1.3亿 m³,与21世纪后发展高效节水灌溉,大力发展节水工程有很大关系。随着社会发展,为了满足城市建设的需求和生态保护的任务,宁夏大力投入湖泊湿地保护治理的阶段,开挖湖泊、实施湿地生态恢复建设、水系连通工程,包括星海湖、阅海湖、鸣翠湖等改为旅游景点而开展的一系列湖泊改造工程,湖泊补水量增大,蓄水变量增大,水体面积增长速率较快,湖泊水位上升引起。

第四节　主要河流生态流量评价

一、河流断面确定

结合宁夏实际情况,确定了宁夏生态水量重要控制节点和断面,包含 5 条河流 6 个断面,其中黄河干流 2 个断面下河沿和石嘴山站,重点流域河流 4 条 4 个断面,即清水河的泉眼山站、苦水河的郭家桥站、红柳沟的鸣沙洲站和泾河,由于泾河的主要控制断面在甘肃省,不属于宁夏回族自治区范畴,所以本书不对其进行分析。黄河干流的 2 个断面黄河水利委员会(简称黄委)已经开展过大量相关工作,结果更加详细精确,本次直接采用黄委的评价成果,不再开展分析工作。

综上所述,本次研究主要对清水河、苦水河和红柳沟这 3 条水资源开发利用程度较高、水文情势变化较明显、生态环境较脆弱和资料系列完善的河流进行评价,对 3 条支流的把口站泉眼山、郭家桥和鸣沙洲 3 个站开展生态水量的调查评价,分析评价河流的生态基流、基本生态需水量和目标生态需水量、生态需水满足程度。目标断面见表4-7。

表 4-7　宁夏生态水量目标断面

序号	河流名称	断面数量	主要控制断面
1	黄河干流	2	下河沿、石嘴山
2	清水河	1	泉眼山
3	红柳沟	1	鸣沙洲
4	苦水河	1	郭家桥

二、生态水量确定

生态需水目标主要包括基本生态环境需水量和目标生态环境需水量,基本生态环境需水量是指维持河湖给定的生态环境保护目标对应的生态环境功能不丧失,需要保留在河道内的最小水量(流量、水位、水深)及其过程。

基本生态环境需水量是河湖生态环境需水要求的底限值,包括生态基流、敏感期生态需水量、不同时段需水量和全年需水量等指标。其中,生态基流是其过程中的最小值,一般用月均流量(或水量)表征;敏感期生态需水量是维持河湖生态敏感对象正常功能的基本需水量及其需水过程;不同时段需水量可分为汛期、非汛期两个时段的需水量,对于东北等封冻期较长的地区,还应包括冰冻期时段。

目标生态环境需水量是指维持河湖给定的生态环境保护目标对应的生态环境功能正常发挥,需要保留在河道内的水量(流量、水位、水深)及其过程,包括不同时段需水量和全年需水量等指标。目标生态环境需水量是确定河湖地表水资源可利用量的控制指标。

对于目前水资源开发利用程度较高,现状断流(干涸、萎缩)严重,水资源条件难以满足要求的河湖水系、河段、湖泊湿地,其目标生态环境需水量可适当降低,但原则上不应少于河湖水系地表水资源量扣除地表水可利用量后的剩余部分。

(一)数据选取

1.黄河干流

根据对黄河干流主要断面生态水量(流量)已有成果的分析,选择合适的生态水量(流量)计算方法进行分析计算,考虑黄河干流各河段的水资源条件、开发利用程度以及生态保护要求等因素,经综合分析确定黄河干流主要断面生态基流和基本生态水量。

由于黄河水沙关系的复杂性及汛期洪水的不确定性,对于黄河干流主要断面的基本生态水量只提非汛期,且非汛期也是河流生态的关键期。对于黄河干流主要断面的年度基本生态水量,根据当年来水情况按丰增枯减的原则确定。

2.主要支流

根据《全国水资源调查评价生态水量调查评价补充技术细则》中的要求,按照细则规定的生态需水目标体系,有关成果提出的生态需水目标不完整的,以及其他新增的河湖水系及其主要控制节点和断面,根据1956~2020年水文系列天然径流量,补充或计算相应的生态需水目标。对于这类河湖水系及其主要控制节点和断面,如果其1980~2020年水文系列多年平均天然径流量较1956~2020年水文系列的变化幅度超过10%(含),应同时补充或计算1956~2016年及1980~2020年两个水文系列对应的生态需水目标。

分析这3个站1980~2020年较1956~2020年天然径流量系列的变化幅度,泉眼山、鸣沙洲和郭家桥站1980~2020年与1956~2020年天然径流量系列比较,泉眼山站减少-9.8%、鸣沙洲站增大2.5%、郭家桥站增大4.7%,3个站两个系列均值相差均不超过10%,本次3个站都按照1956~2020年天然径流系列数据分析。

(二)计算方法

(1)生态基流采用Q_P法,P为保证率,原则上不应小于90%,本书取$P=90\%$。

(2)基本生态环境需水量的年内不同时段按照汛期、非汛期和封冻期3个时段统计,其中汛期为6~9月、封冻期为12月至次年2月,非汛期为年内其他时段。

(3)生态需水采用Tennant法。该法是一种非现场测定类型的标准设定法。通过统计的方法发现,河宽、流速和水深在流量小于年平均流量的10%时增加幅度较大,当流量大于年平均流量的10%时,对应水力参数的增长幅度下降,所以提出以年平均流量的10%作为水生生物生长最低标准下限,年平均流量的30%作为水生生物的满意流量。这种方法建立在历史流量记录的基础上,并将平均每年自然流量的简单百分数作为基流,它不仅适用于有水文站点的季节性河流,而且适用于没有水文站点的河流,可通过水文技术来获得平均流量。《河湖生态环境需水计算规范》(SL/T 712)提出了不同环境状况丰枯水期水量占多年平均水量的百分数(见表4-8),规定对于资源短缺、用水紧张地区的河流,基本生态需水量在"好"的分级之下;目标生态需水量在"非常好"和"极好"的分级范围之内。

表 4-8　不用河道内生态环境状况对应的流量百分数　　　　%

不同流量百分数对应河道内 生态环境状况	占同时段多年年均天然流量 百分数（年内较枯时段）	占同时段多年年均天然流量 百分数（年内较丰时段）
最大	200	200
最佳	60~100	60~100
极好	40	60
非常好	30	50
好	20	40
中	10	30
差	10	10
极差	<10	<10

(三) 结果分析

黄河干流断面的生态流量问题已有众多研究成果，如 2017 年水利部审查的黄河流域水资源保护规划、黄河重要支流综合规划等，本次研究直接采用已有成果，不再进行赘述，成果见表 4-9。

表 4-9　黄河干流主要断面生态需水目标

河湖名称	主要控制断面名称	生态基流/（m³/s）	非汛期基本生态水量/ 亿 m³
黄河 干流	下河沿	340	72
	石嘴山	330	70

各河流主要控制断面的径流具体情况见表 4-10，列举了月径流及其不同时段径流情况。在黄委研究基础上确定基本生态需水量汛期取多年均值的 20%~30%、非汛期取多年均值的 10%~20%，黄河流域一级支流规划中提出生态需水量取多年平均径流量的 10%，为了与相关成果相衔接，考虑到这 3 条河流的水资源特点、径流年际年内变化及水资源开发利用程度，本次各时段基本生态需水量取多年均值的 10%，包括各月份、汛期、非汛期、冰冻期和全年。3 条河流生态水量计算等结果见表 4-11。

清水河生态基流为 0.16 m³/s，汛期生态需水量为 1 259 万 m³，非汛期生态需水量为 493 万 m³，冰冻期生态需水量为 125 万 m³，全年生态需水量为 1 877 万 m³；红柳沟生态基流为 0.02 m³/s，汛期生态需水量为 37.6 万 m³，非汛期生态需水量为 18.5 万 m³，冰冻期生态需水量为 8.3 万 m³，全年生态需水量为 65 万 m³；苦水河生态基流为 0.004 m³/s，汛期时生态需水量为 123 万 m³，非汛期生态需水量为 37 万 m³，冰冻期生态需水量为 7 万 m³，全年生态需水量为 167 万 m³。

表 4-10　河湖水系及其主要控制断面径流情况

序号	河流名称	水资源一级区	流域面积/km²	站点名称	年份	项目	径流量/万m³																
							1月	2月	3月	4月	5月	6月	7月	8月	9月	10月	11月	12月	最枯月	汛期	非汛期	冰冻期	全年
1	清水河	黄河区	14 481	泉眼山	1956~2020	天然	370	452	734	1 446	1 488	1 852	3 745	4 710	2 279	709	554	433	0	12 586	4 931	1 255	18 772
					1980~2020	天然	502	593	671	1 198	1 320	1 744	3 325	3 874	1 729	755	660	557	0	10 673	4 603	1 652	16 928
2	红柳沟	黄河区	1 064	鸣沙洲	1956~2020	天然	22.5	29.4	33.0	28.1	50.8	54.7	76.5	169.5	75.3	37.5	35.9	31.6	3	376	185.3	83.5	644.8
					1980~2020	天然	25.3	32.9	35.2	31.9	52.4	57.5	84.9	151.6	78.0	38.8	37.9	34.6	5	372	196.2	92.8	661
3	苦水河	黄河区	5 218	郭家桥	1956~2020	天然	14.9	25.8	45.0	41.5	182.2	242.2	416.9	424.2	148.6	49.4	55.0	24.7	1	1 231.9	373.1	65.4	1 670.4
					1980~2020	天然	18.1	30.0	37.3	57.3	234.5	286.8	447.1	358.5	139.9	52.6	58.2	28.0	1	1 232.3	439.9	76.1	1 748.3

表 4-11　河湖水系及其主要控制节点和断面生态需水目标整理分析

序号	河湖水系名称	水资源一级区	流域面积/km²	名称	类型	水文系列	生态需水目标 1月	2月	3月	4月	5月	6月	7月	8月	9月	10月	11月	12月	生态基流/(m³/s)	不同时段值/万 m³ 汛期	非汛期	冰冻期	全年值/万 m³
1	清水河	黄河区	14 481	泉眼山	Ⅲ	1956~2020年	37	45.2	73.4	144.6	148.8	185.2	374.4	470.9	227.9	70.9	55.4	43.3	0.16	1 259	493	125	1 877
2	红柳沟	黄河区	1 064	鸣沙洲	Ⅲ	1956~2020年	2.2	2.9	3.3	2.8	5.1	5.5	7.6	17.0	7.5	3.7	3.6	3.2	0.02	37.6	18.5	8.3	64.4
3	苦水河	黄河区	5 218	郭家桥	Ⅲ	1956~2020年	1.5	2.6	4.5	4.1	18.2	24.2	41.7	42.4	14.9	4.9	5.5	2.5	0.004	123	37	7	167

三、生态水量满足程度评价

(一)评价原则

《全国水资源调查评价生态水量调查评价补充技术细则》(试行)的要求,生态用水满足程度评价应按照以下方法进行:

(1)对比 2007~2020 年水文系列的实测径流量与生态基流、不同时段(汛期和非汛期)需水量、全年需水量,评价河湖水系及其主要控制节点和断面生态用水满足程度。对于有两个水文系列生态需水目标的河流水系及其主要控制节点和断面,应分别与两个生态需水目标进行对比。对于有敏感期生态需水要求的,可增加敏感期生态需水满足程度评价。

(2)长系列逐月生态用水满足程度评价按照以下方法开展:①生态基流满足程度评价。用水文系列中实际径流量超过生态基流的月份数与水文系列时长的总月份数的比值评价满足程度。②基本生态环境需水过程满足程度评价。用水文系列中全年、汛期和非汛期各评价时段实际径流量超过相应的基本生态环境需水量目标的年份数与水文系列时长总年份数的比值评价满足程度。

(3)对于有目标生态环境需水要求以及有条件的地区,可参照上述方法,进一步评价不同时段(汛期、非汛期)和全年的目标生态环境需水量的满足程度。

(4)综合分析实际径流量与不同生态需水目标比较的结果,判断河湖水系及其主要控制节点和断面生态用水满足程度,分析提出生态用水满足的程度、时段等情况。

(二)评价结果

本次按照 3 个控制断面的 2007~2020 年水文系列的逐月实际径流量与不同分析时段的生态水量指标比较,评价生态水量的满足程度。评价结果见表 4-12。从评价结果可以看出,黄河干流两个断面生态基流保障度都能达到 99%,非汛期生态水量满足程度能达到 100%。整体上,3 条支流的生态水量满足程度较好,各站全年及不同时段生态水量保障程度均达到 100%,生态基流的满足程度均为 100%。

表 4-12　重要河流控制断面生态水量满足程度　　　　　　　　　%

河湖名称	主要控制断面名称	生态基流	基本生态水量满足程度			
			汛期	非汛期	冰冻期	全年值
黄河干流	下河沿	99	—	100	—	—
	石嘴山	99	—	100	—	—
清水河	泉眼山	100	100	100		100
红柳沟	鸣沙洲	100	100	100		100
苦水河	郭家桥	100	100	100		100

第五节　水环境状况分析

一、水质现状评价

(一)站点选取

选取 92 个水质监测站进行地表水水质评价。监测站主要分布在全区重要河流、排水沟、湖泊及水库。单站控制面积 0.056 km²,其中引黄灌区分布 47 个,中部干旱带分布 20 个,南部山区分布 25 个,站点基本代表了灌区排水沟及重要湖泊、中部重要河流、南部河流、重要水库水质情况。本次监测站共评价河长 3 419.11 km,湖泊面积 42.99 km²,水库蓄水量 0.921 亿 m³。宁夏地表水水质站点分布见图 4-25。

(二)评价方法

以 2016 年资料为基础,通过对《地表水环境质量标准》(GB 3838—2002)中除水温、粪大肠菌群以外的 22 个基本项目进行统计,湖泊水库进行营养状态评价。结合《地表水资源质量评价技术规程》(SL 395—2007)对选用水质测站进行分析评价,全部监测站采用单指标评价法(最差的项目赋全权,又称一票否决法),以水质目标作为水体是否超标的判定值,当出现不同类别的标准值相同的情况时,按最优类别确定水质类别(如铜Ⅱ~Ⅴ类的标准值均为 1.0 mg/L,当实测铜浓度为 1.0 mg/L 时,水质类别确定为Ⅱ类,实测铜浓度为 1.1 mg/L 时,水质类别确定为劣Ⅴ类)。

(三)评价结果

1. 主要河流

清水河流域面积 14 481 km²,全长 320 km,共分布有 5 个监测断面,分别为二十里铺、韩府湾、王团、长山头及泉眼山。根据监测资料,二十里铺全年水质类别为Ⅱ类;韩府湾、王团及长山头全年水质类别为Ⅳ类,主要超标物质为氨氮及氟化物;泉眼山全年水质类别为劣Ⅴ类,主要超标物质为氨氮和氟化物。通过数据分析及调研,清水河由上游至下游水质逐渐变差。源头水水质较好,无污染。结合排污口复核工作,清水河流经固原市原州区后,原州区污水处理厂排污口及流经城镇的生活废污水逐渐汇入,由于河流流量较小,加之河流本底值较高,共同作用使河流水质迅速变差;韩府湾断面后逐渐有农田退水进入,流量逐渐增大,但是沿岸海原县、同心县的污水处理厂中的废污水逐渐汇入,水质逐渐变差,超标物质氟化物总体为本底值影响,氨氮的超标主要为农田退水的面源污染及生活废污水。

红柳沟河长 107 km,集水面积 1 064 km²,共分布有 3 个监测断面,分别为马庄子、井庄、鸣沙洲。根据监测资料,马庄子全年水质类别为Ⅲ类;井庄全年水质类别为劣Ⅴ类,主要超标物质为氨氮和高锰酸盐指数;鸣沙洲全年水质类别为劣Ⅴ类,主要超标物质为氨氮及氟化物。红柳沟源头水水质较好,无人为污染现象,再流经红寺堡区第二污水处理厂,废污水排入河流,使水质变差,期间有农田及扬水退水逐渐汇入使水量增加,但是由于本底值原因,到入黄口水体水质还是较差。

苦水河宁夏境内流域面积 4 942 km²,共分布有 4 个监测断面,分别为潘河、李家大湾、大白驿子和郭家桥。根据监测资料,潘河、李家大湾全年水质类别为Ⅲ类;大白驿子全

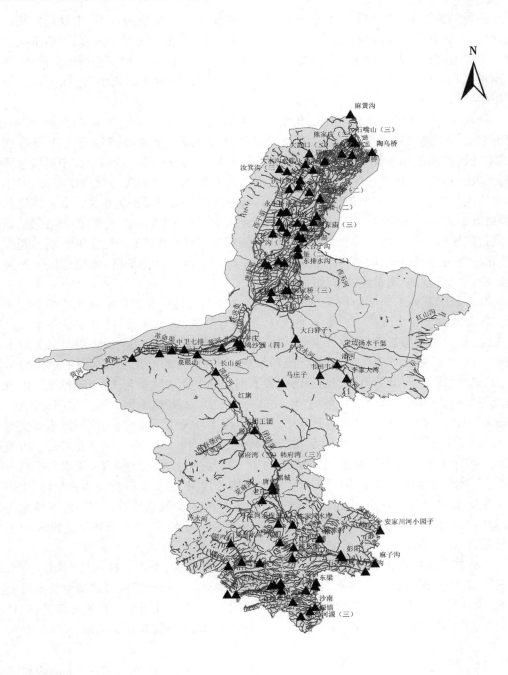

图 4-25 宁夏地表水水质站点分布

年水质类别为Ⅳ类,主要超标物质为氨氮;郭家桥全年水质类别为Ⅳ类,主要超标物质为氟化物、氨氮和高锰酸盐指数。苦水河源头水质较好,再进入红寺堡区后,逐渐承接红寺堡弘德工业园区企业废污水及红寺堡区太阳山生活废污水,使苦水河水质逐渐变差;当苦水河进入利通区后,逐渐有工业(如龙泉牧业企业排污口)及生活废污水(如金银滩镇小城镇生活污水)汇入,使苦水河水质较差。

泾河干流宁夏境内河长 39 km,集水面积 1 050 km²。主要支流有颉河、洪河、茹河、蒲河等河流。干流共有泾河源、泾河源镇及沙南 3 个断面,干流泾河源全年水质类别为Ⅰ类,泾河源镇全年水质类别为Ⅱ类,沙南全年水质类别为Ⅱ类。泾河干流宁夏段水质较好,无人为污染,适用于任何用途。泾河支流茹河有彭阳及麻子沟两个监测断面,彭阳全年水质类别为劣Ⅴ类,主要超标物质为氨氮;麻子沟全年水质类别为Ⅲ类。茹河流经彭阳县城,有彭阳县污水处理厂废污水汇入,使河流水质变差,但下游几乎没有人为污染,茹河河流自净使省界断面麻子沟水质达标。支流蒲河监测断面为小园子,全年水质类别为Ⅳ类,超标物质为氟化物,蒲河在宁夏段 72.9 km 都属于源头水保护区,流经地区无人为因素影响,氟化物超标属于河流本底值因素影响。

葫芦河宁夏境内流域面积 3 281 km²,河长 120 km,共有夏寨水库及郭罗两个监测断面。夏寨水库全年水质类别为劣Ⅴ类,超标物质为总磷、氨氮和总氮;郭罗全年水质类别为Ⅳ类,超标物质为氨氮;葫芦河主要承接西吉县工业及生活废污水,使葫芦河上游水质较差,各项指标超标较为严重,下游无废污水的汇入,支流汇入及河流自净使水质慢慢转好,但省界水质断面氨氮超标。葫芦河支流渝河监测断面为隆德与王恒,隆德全年水质类别为Ⅱ类;王恒全年水质类别为劣Ⅴ类,主要超标物质为氨氮,渝河上游为渝河源头水,水质较好,无人为污染,在流经隆德县城后,主要承接工业及生活废污水,使河流水质变差。

卫宁灌区排水沟主要有中卫第一排水沟、中卫第七排水沟、南河子与北河子。中卫第一排水沟全年水质类别为Ⅴ类,主要超标物质为氨氮;中卫第七排水沟全年水质类别为劣Ⅴ类,主要超标物质为氨氮;南河子全年水质类别为Ⅳ类,主要超标物质为氟化物;北河子全年水质类别为劣Ⅴ类,主要超标物质为氨氮、总磷和高锰酸盐指数。卫宁灌区排水沟主要承接农田退水及沙坡头区及中宁县的工业与生活废污水,除南河子外其他排水沟水质都较差,污染较为严重。

青铜峡灌区排水沟分布较为广泛、数量较多、跨度较大,由第一排水沟至第六排水沟及其支沟、中干沟、银新沟、清水沟、永二干沟等排水沟。青铜峡灌区排水沟主要承接农田退水、生活及工业废污水,只有第一排水沟水质优于Ⅲ类,其他排水沟都超过Ⅲ类,而且水质较差,劣Ⅴ类水质占大多数,主要超标物质为氨氮、总磷和化学需氧量等。

2. 主要湖泊

鸣翠湖位于银川市兴庆区掌政镇境内,西距银川市区 9 km,东临黄河 3 km,距离银川河东国际机场 5 km,是我国首批、全国第三家被国家林业局命名的国家湿地公园,也是西部地区黄河流域首家湿地公园。湖泊代表面积为 1.5 km²,全年水质评价为Ⅳ类,主要超标物质为总磷。鸣翠湖富营养化综合评分为 52 分,轻度富营养化。

沙湖位于平罗县姚伏镇,以自然景观为主体,"沙、水、苇、鸟、山、鱼、荷花"七大景观有机结合,构成独具特色的秀丽景观,是一处融江南水乡与大漠风光为一体的"塞上明珠",是宁夏独特秀美的自然景观和得天独厚的旅游资源。湖泊代表面积为 8.2 km², 全年水质评价为Ⅳ类,主要超标物质为总磷。全年水质综合评价为劣Ⅴ类,主要超标物质为氟化物、化学需氧量、总磷。沙湖富营养化综合评分为 60 分,轻度富营养化。

星海湖位于石嘴山市大武口区城区东部,山水大道穿湖而过。总面积 43 km²,湖水面积 20 多 km²。湖泊代表面积为 23.4 km²,全年水质评价为劣Ⅴ类,主要超标物质为化学需氧量、总磷及五日生化需氧量。星海湖富营养化综合评分为 66 分,中度富营养化。

阅海湖位于宁夏银川金凤区,总面积 2 000 hm²。南起典农河北京路码头,途经西湖游乐园,北通银川市最大的湿地——阅海湖。风物变幻,气象万千,享有"银川之肾""城市绿肺"的美誉。湖泊代表面积为 9.53 km²,全年水质评价为Ⅴ类,主要超标物质为总氮、总磷。阅海湖富营养化综合评分为 56 分,轻度富营养化。

二、天然水化学特征分析

(一)评价方法

选用矿化度、总硬度、钾、钠、钙、镁、重碳酸盐、氯化物、硫酸盐、碳酸盐等项目,调查分析总硬度及矿化度的分布,采用阿列金分类法划分水化学类型,水化学特征分析只对评价项目年均值进行评价。

(二)评价结果

清水河流域面积 14 481 km²,全长 320 km,共分布有 5 个监测断面,分别为二十里铺、韩府湾、王团、长山头及泉眼山。根据监测资料,水化学类型:二十里铺为 $S_{型}^{Ca}$ 水,韩府湾、王团、长山头和泉眼山全部为 $S_{型}^{Na}$ 水;矿化度含量:二十里铺为 623 mg/L,韩府湾为 7 610 mg/L,王团为 7 660 mg/L,长山头为 8 810 mg/L,泉眼山为 9 140 mg/L;总硬度含量:二十里铺为 370 mg/L,韩府湾为 1 740 mg/L,王团为 1 840 mg/L,长山头为 2 300 mg/L,泉眼山为 2 340 mg/L。清水河主要以 SO_4-Na 型水为主,清水河由上游至下游矿化度和总硬度含量逐渐增加,尤其二十里铺至韩府湾段矿化度呈急剧增加趋势,通过查阅资料及调研矿化度和总硬度的增加也符合本区域土壤特性,但是清水河韩府湾以上存在采砂厂,对水体的矿化度和总硬度迅速提升有很大的影响。

红柳沟河长 107 km,集水面积 1 064 km²,共分布有 3 个监测断面,分别为马庄子、井庄、鸣沙洲。根据监测资料,水化学类型:3 个断面全部为 $S_{型}^{Na}$ 水;矿化度含量:马庄子为 5 630 mg/L,井庄为 7 240 mg/L,鸣沙洲为 6 060 mg/L;总硬度含量:马庄子为 1 380 mg/L,井庄为 1 980 mg/L,鸣沙洲为 1 660 mg/L;红柳沟流域主要为 SO_4-Na 型水,红柳沟全流域土壤含盐量较高,导致流域水系都属于高矿化度区与极硬水,鸣沙洲矿化度与总硬度略有降低是由于扬水退水及支流补给水量使矿化度与总硬度下降。

苦水河宁夏境内流域面积 4 942 km²,共分布有 4 个监测断面,分别为潘河、李家大湾、大白驿子和郭家桥。根据监测资料,水化学类型:李家大湾为 $CL_{Ⅲ}^{Mg}$ 水,潘河、大白驿子、郭家桥为 $S_{Ⅱ}^{Na}$ 水;矿化度含量:潘河为 6 620 mg/L,李家大湾为 6 660 mg/L,大白驿子为 9 170 mg/L,郭家桥为 3 090 mg/L;总硬度含量:潘河为 2 290 mg/L,李家大湾为 2 400 mg/L,大白驿子为 2 310 mg/L,郭家桥为 871 mg/L;苦水河水系水化学类型以 SO_4-Na 为主,水体中硫酸盐含量较高,源头至利通区矿化度含量逐渐增加,上游水量较少,土壤盐碱性较高,致使苦水河上游矿化度与总硬度较高,大白驿子至入黄断面郭家桥由于利通区生活废污水等汇入使水量增加,使矿化度与总硬度含量下降。

泾河干流宁夏境内河长 39 km,集水面积 1 050 km²。主要支流有颉河、洪河、茹河、蒲河等河流。干流共有泾河源、泾河源镇及沙南 3 个断面,水化学类型:泾河源为 C_{II}^{Ca} 水;矿化度含量:泾河源为 317 mg/L,泾河源镇为 369 mg/L,沙南为 435 mg/L;总硬度含量:泾河源为 240 mg/L,泾河源镇为 230 mg/L,沙南为 310 mg/L;泾河干流水化学类型以重碳酸盐为主,泾河宁夏段总硬度属于中等矿化度、适度硬水。泾河支流茹河有彭阳及麻子沟两个监测断面,全部为 S_{II}^{Na} 水;矿化度含量:彭阳为 1 410 mg/L,麻子沟为 1 530 mg/L;总硬度含量:彭阳为 530 mg/L,麻子沟为 500 mg/L。支流颉河监测断面为蒿店,水化学类型为 S_{II}^{Ca} 水;矿化度含量为 679 mg/L;总硬度含量为 450 mg/L。支流蒲河监测断面为小园子,水化学类型为 C_{II}^{Na} 水;矿化度含量为 965 mg/L;总硬度含量为 400 mg/L。

葫芦河宁夏境内流域面积 3 281 km²,河长 120 km,共有夏寨水库及郭罗两个监测断面,水化学类型:夏寨水库为 C_{II}^{Ca} 型水,郭罗为 S_{II}^{Na} 型水;矿化度含量:夏寨水库为 682 mg/L,郭罗为 3 120 mg/L;总硬度含量:夏寨水库为 282 mg/L,郭罗为 1 140 mg/L;葫芦河由上至下水化学类型变化较大,主要原因承接西吉县工业、生活废污水,源头矿化度与总硬度含量较低,流经过程中废污水及本底值共同原因使矿化度总硬度等含量升高。葫芦河支流渝河监测断面为隆德与王恒,水化学类型:隆德为 S_{III}^{Ca} 型水,王恒为 S_{II}^{Na} 型水;矿化度含量:隆德为 1 000 mg/L,王恒为 1 080 mg/L;总硬度含量:隆德为 462 mg/L,王恒为 450 mg/L,渝河受地质及汇水影响,阴离子组分变化不大,但阳离子组分变化较大,使水体水化学类型发生变化。

卫宁灌区排水沟主要有中卫第一排水沟、中卫第七排水沟、南河子与北河子,水化学类型分别为 S_{II}^{Ca}、C_{II}^{Ca}、S_{II}^{Na} 和 C_{II}^{Na} 型水;矿化度分别为 1 170 mg/L、656 mg/L、1 560 mg/L 和 1 700 mg/L;总硬度分别为 510 mg/L、380 mg/L、500 mg/L 和 671 mg/L。卫宁灌区排水沟水化学类型较为分散,所承接水类型不同,导致水化学类型不同。灌区排水沟主要承接农田退水、沙坡头区及中宁县的工业与生活废污水,矿化度与总硬度都属于较高及较极硬水以上类型。

青铜峡灌区排水沟分布较为广泛,数量较多,跨度较大,由第一排水沟至第六排水沟及其支沟、中干沟、银新沟、清水沟、永二干沟等排水沟。水化学类型主要以 S_{II}^{Na}、Cl_{II}^{Na} 为主;矿化度含量最小的为承接农田退水的第一排水沟,为 774 mg/L,最大的为承接工业废污水的大河子沟,为 3 560 mg/L;总硬度含量最小的为承接农田退水的第一排水沟,为 360 mg/L,最大的为承接流经沿线城市的农田退水、生活及工业废污水的第五排水沟,为 871 mg/L。青铜峡灌区水化学类型主要是硫酸盐及氯酸盐。矿化度与总硬度含量较高,主要原因是人为因素影响。

湖泊主要有沙湖、阅海湖、宝湖及星海湖,沙湖及阅海湖水化学类型为 Cl_{II}^{Na} 型水,星海湖为 S_{II}^{Na} 型水,宝湖为 S_{II}^{Mg} 型水;矿化度含量分别为 2 950 mg/L、3 960 mg/L、594 mg/L 和 1 320 mg/L;总硬度含量分别为 844 mg/L、808 mg/L、280 mg/L 和 400 mg/L。湖泊所处地理位置不同,水化学类型、矿化度及总硬度受当地土壤及供水水体影响较大。

通过对流域水系进行分析评价,水化学类型大部分都以 S_{II}^{Na} 为主,其他类型的水化学类型分布较广泛;矿化度及总硬度最大的为清水河流域,泾河流域最小。

第五章　水资源承载力评价与预警

第一节　水资源承载力评价指标体系

水资源承载力现状评价是根据评价指标现状监测结果进行水资源承载力评价,得到水资源承载力的超载程度,评价结果反映当前水资源承载力状况。指标体系的建立是进行水资源承载力评价的重要内容,指标体系设置得是否科学合理直接关系到水资源承载力评价的成功与否、预警效果的优劣。

水资源承载力指标体系突出以水为中心的水、生态、经济三大要素(见图5-1),并最终聚焦于生态保护和高质量发展,以水定城、以水定产的正确理念,指标体系设计了包括生态保护、水资源和高质量发展三类指标。这三类指标指明了生态保护、水资源与高质量发展之间的关系。水资源是生态和经济发展的载体,水资源表征指标可以用可供水量表示,由于宁夏水资源主要依赖黄河水,可供水量指标是指黄河分配水量。生态保护和高质量发展带给水资源压力,生态保护指标根据宁夏生态现状,以河道主要断面生态流量指标反映河流生态需求,以灌区地下水位反映灌区生态状况。高质量发展是要从以前注重数量发展向注重质量发展转变,从水资源方面考虑就是要提高用水效率,单方水效率最大。宁夏耗水量最大的农业以灌溉水利用系数来表征,工业以万元工业增加值用水量来表征。另外用取水总量和耗水总量表征经济社会总耗用水。

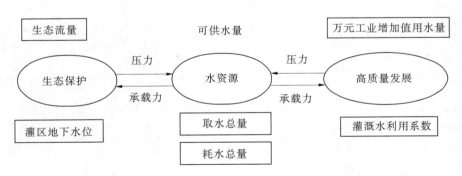

图5-1　生态保护、水资源与高质量发展之间的关系及相应表征指标

因此,承载力评价指标包括用水总量、耗水总量、引黄灌区地下水合理水位、河湖重要断面生态流量指标、灌溉水利用系数、黄河分配水量、万元工业增加值用水量等。承载力评价指标反映水资源承载力状态的基本情况,进行地域全覆盖的评价。

第二节　2018 年水资源承载力评价

一、单指标评价

单指标评价方法采用水利部《建立全国水资源承载能力监测预警机制技术大纲》的承载力评价方法,这种方法简单直观,易于操作。水资源承载力评价采用实物量指标进行单因素评价,评价方法为对照各实物量指标度量标准直接判断其承载状况,约束性指标超警戒即水资源承载力超载。

(一)取水量

取水量包括评价现状年各县(市、区)(包括农垦和宁东工业园区)农业灌溉取水量、工业取水量、生活取水量及重点用水户取水总量。

与取水总量对应的是各县(市、区)用水总量指标。根据各县(市、区)水资源禀赋条件、允许开发利用上限、"三条红线"管理要求、水资源调配能力等,综合确定各县(市、区)用水总量控制指标。

2018 年各县(市、区)具体评价情况见表 5-1、图 5-2。

表 5-1　2018 年各县(市、区)水资源承载状况(取水总量)

县(市、区)	2018 年取水量/亿 m³	2020 年取水标准/亿 m³	实际值-标准值/亿 m³	状态
兴庆区				
金凤区	4.471	5	-0.529	不超载
西夏区				
永宁县	3.579	5.31	-1.731	不超载
贺兰县	4.69	5.55	-0.86	不超载
灵武市	3.168	3.49	-0.322	临界超载
银川市	15.908	19.35	-3.442	不超载
大武口区	1.038	1.1	-0.062	临界超载
惠农区	2.814	2.7	0.114	超载
平罗县	7.344	6.8	0.544	超载
石嘴山市	11.196	10.6	0.596	超载
利通区	4.624	5.02	-0.396	临界超载
红寺堡区	2.061	2	0.061	超载
盐池县	0.832	0.8	0.032	超载
同心县	2.444	1.96	0.484	严重超载
青铜峡市	6.073	7.12	-1.047	不超载
吴忠市	16.034	16.9	-0.866	临界超载
原州区	0.663	0.85	-0.187	不超载
西吉县	0.344	0.4	-0.056	不超载

续表 5-1

县(市、区)	2018 年取水量/亿 m³	2020 年取水标准/亿 m³	实际值-标准值/亿 m³	状态
隆德县	0.119	0.19	-0.071	不超载
泾源县	0.065	0.09	-0.025	不超载
彭阳县	0.276	0.29	-0.014	临界超载
固原市	1.467	1.82	-0.353	不超载
沙坡头区	4.938	6.1	-1.162	不超载
中宁县	5.657	5.9	-0.243	临界超载
海原县	1.05	1.21	-0.16	不超载
中卫市	11.645	13.21	-1.565	不超载
农垦	6.497	7.15	-0.653	临界超载
宁东	1.926	2	-0.074	临界超载
合计	64.673	71.03	-6.357	临界超载

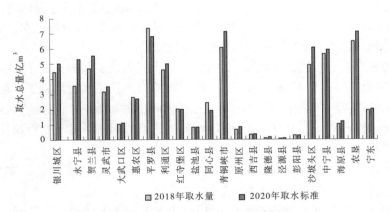

图 5-2　2018 年全区水资源承载状况(取水总量)

1. 自治区

按照取水总量指标评价,2018 年宁夏全区红线取水总量比实际取水总量多 6.357 亿 m³,总体属于临界超载状态。

2. 市、县、区

银川市、固原市、中卫市取水总量红线指标分别比现状年实际取水量多 3.442 亿 m³、0.353 亿 m³、1.565 亿 m³,总体均属于不超载状态;吴忠市取水总量红线指标分别比现状年实际取水量多 0.866 亿 m³,总体均处于临界超载状态;石嘴山市取水总量红线指标比现状年实际取水量少 0.596 亿 m³,总体属于超载状态。

银川市的永宁县、贺兰县,吴忠市的利通区、青铜峡市,固原市的原州区、西吉县、隆德县、径源县,中卫市的沙坡头区、海原县取水量均属于不超载状态;银川市的灵武市,石嘴山市的大武口区,固原市的彭阳县,中卫市的中宁县取水量均处于临界超载状态;石嘴山市的惠农区、平罗县,吴忠市的红寺堡区、盐池县均处于超载状态;吴忠市的同心县处于严重超载状态。

3. 独立单元

农垦取水总量红线指标比现状年实际取水量多 0.653 亿 m^3,临界超载。宁东取水总量红线指标比现状年实际取水量多 0.074 亿 m^3,不超载。

(二)耗水量

宁夏总的耗水量可采用断面水量平衡法计算,并用取排水关系进行校正,根据各市取耗水量计算耗水系数,按此系数分配到各县(市、区)。

根据黄河"八七"分水方案确定的宁夏耗水指标,结合当年黄河来水情况确定分配给宁夏的耗水总量。非引黄县(市、区)不计算耗水指标。

1. 自治区

按照耗水总量指标评价,2018 年宁夏全区红线耗水总量比实际耗水总量多 6.993 亿 m^3,总体属于不超载状态。

2. 市、县、区

银川市、固原市耗水总量红线指标分别比现状年实际耗水量多 4.322 亿 m^3、2.201 亿 m^3,总体均属于不超载状态;石嘴山市、吴忠市取耗水总量红线指标分别比现状年实际取耗水量多 0.248 亿 m^3、0.891 亿 m^3,总体均属于临界超载状态;中卫市耗水总量红线指标比现状年实际耗水量少 0.22 亿 m^3,总体处于超载状态。

银川市的永宁县、贺兰县、灵武市,石嘴山市的大武口区,吴忠市的青铜峡市,固原市的原州区、西吉县、隆德县、径源县、彭阳县,中卫市的海原县耗水量均属于不超载状态;吴忠市的利通区、红寺堡区,处于临界超载状态;石嘴山市的惠农区、平罗县,吴忠市的盐池县,中卫市的沙坡头区、中宁县均处于超载状态;吴忠市的同心县处于严重超载状态。

3. 独立单元

农垦取水总量红线指标比现状年实际取水量多 0.641 亿 m^3,不超载。宁东取水总量红线指标比现状年实际取水量少 1.09 亿 m^3,严重超载。

2018 年全区水资源承载状况(耗水总量)见表 5-2、图 5-3。

(三)引黄灌区地下水位

引黄灌区地下水位监测值,根据监测结果结算各县(市、区)所辖灌区地下水位均值。

各灌区地下水位控制阈值根据中国水利水电科学研究院成果《宁夏灌溉绿洲水生态平衡与节水工程实施布局》确定。

地下水开采量超过可开采量,造成地下水位呈持续下降态势,或因开发利用地下水引发了环境地质灾害或生态环境恶化现象,是判定地下水超采的依据。超采区包含严重超采区和一般超采区。

以评价期内年均地下水位下降速率、评价期内年均地下水开采系数、地下水位累计降幅或疏干率(与 1980 年相比)、地下水开采诱发的环境地质灾害或生态环境恶化问题共 4 项作为主要衡量指标。2018 年全区水资源承载状况(地下水位埋深)见表 5-3。

表 5-2 2018 年全区水资源承载状况（耗水总量）

县（市、区）	2018 年耗水量/亿 m³	红线/亿 m³	实际值−红线值/亿 m³	承载状态
兴庆区	2.016	3.2	−1.184	不超载
金凤区				
西夏区				
永宁县	1.522	2.79	−1.268	不超载
贺兰县	2.06	3.11	−1.05	不超载
灵武市	1.37	2.19	−0.82	不超载
银川市	6.968	11.29	−4.322	不超载
大武口区	0.404	1.03	−0.626	不超载
惠农区	1.252	1.17	0.082	超载
平罗县	3.516	3.22	0.296	超载
石嘴山市	5.172	5.42	−0.248	临界超载
利通区	2.049	2.26	−0.211	临界超载
红寺堡区	2.033	2.1	−0.067	临界超载
盐池县	0.759	0.68	0.079	超载
同心县	2.42	1.8	0.62	严重超载
青铜峡市	2.638	3.95	−1.312	不超载
吴忠市	9.899	10.79	−0.891	临界超载
原州区	0.509	1.41	−0.901	不超载
西吉县	0.275	0.74	−0.465	不超载
隆德县	0.083	0.35	−0.267	不超载
泾源县	0.048	0.16	−0.112	不超载
彭阳县	0.214	0.67	−0.456	不超载
固原市	1.129	3.33	−2.201	不超载
沙坡头区	2.272	2.1	0.172	超载
中宁县	3.248	3.06	0.188	超载
海原县	0.99	1.13	−0.14	不超载
中卫市	6.51	6.29	0.22	超载
农垦	2.929	3.57	−0.641	不超载
宁东	1.9	0.81	1.09	严重超载
合计	34.507	41.5	−6.993	不超载

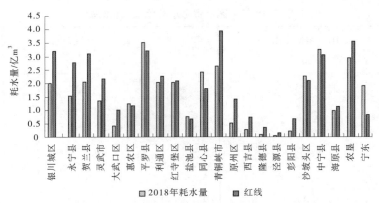

图 5-3　2018 年全区水资源承载状况 (耗水总量)

表 5-3　2018 年全区水资源承载状况 (地下水位埋深)

县 (市、区)	2018 年引黄灌区地下水位 (埋深) /m	2018 年引黄灌区 地下水位标准 /m	承载情况
银川城区	6.68		严重超载
永宁县	4.55		超载
贺兰县	3.98		不超载
灵武市	2.97		不超载
惠农区	5.87		严重超载
平罗县	2.47		不超载
利通区	4.12	2~4	超载
红寺堡区	10.97		严重超载
盐池县	12.08		严重超载
同心县	25.24		严重超载
青铜峡市	5.75		严重超载
沙坡头区	2.74		不超载
中宁县	8.27		严重超载

(四) 灌溉水利用系数

灌溉水利用系数根据宁夏水利科学研究院《灌溉水利用系数测算报告》确定,或根据宁夏水资源公报数据确定。

灌溉水利用系数阈值根据"三条红线"用水效率中灌溉水利用系数得到。

1. 自治区

按照灌溉水有效利用系数指标评价,2018 年宁夏全区灌溉水利用系数高于标准,达标。

2. 市、县、区

银川市、石嘴山市、吴忠市、中卫市灌溉水有效利用系数小于标准,总体均属于不达标状态。固原市灌溉水有效利用系数总体处于达标状态。

除固原市的隆德县灌溉水有效利用系数达标外,其他各县(市、区)的灌溉水有效利用系数均不达标。

3. 独立单元

农垦灌溉水有效利用系数小于标准,未达标。

将 2018 年宁夏灌溉水利用系数与灌溉水利用系数标准进行对比,结果如表 5-4 所示。

表 5-4　2018 年宁夏灌溉水利用系数与灌溉水利用系数标准对比

县(市、区)	所属地级市	2018 年灌溉水利用系数	2020 年灌溉水利用系数标准	评价结果
兴庆区	银川市	0.507	0.53	未达标
金凤区	银川市	0.516	0.53	未达标
西夏区	银川市	0.508	0.525	未达标
永宁县	银川市	0.508	0.525	未达标
贺兰县	银川市	0.508	0.525	未达标
灵武市	银川市	0.500	0.525	未达标
大武口区	石嘴山市	0.518	0.53	未达标
惠农区	石嘴山市	0.517	0.53	未达标
平罗县	石嘴山市	0.511	0.525	未达标
利通区	吴忠市	0.499	0.53	未达标
红寺堡区	吴忠市	0.647	0.66	未达标
盐池县	吴忠市	0.651	0.66	未达标
同心县	吴忠市	0.649	0.66	未达标
青铜峡市	吴忠市	0.481	0.525	未达标
原州区	固原市	0.706	0.71	未达标
西吉县	固原市	0.706	0.71	未达标
隆德县	固原市	0.711	0.71	达标
泾源县	固原市	0.709	0.71	未达标
彭阳县	固原市	0.708	0.71	未达标
沙坡头区	中卫市	0.484	0.525	未达标
中宁县	中卫市	0.508	0.53	未达标
海原县	中卫市	0.648	0.66	未达标
农垦		0.497	0.525	未达标
宁东				
合计		0.535	0.531	达标

(五) 黄河分配水量

评价年度各县(市、区)黄河实际取水量。

阈值是评价年度黄河计划分配给宁夏[包括各县(市、区)]的取水量。

非引黄县(市、区)该指标不计算。

查询宁夏回族自治区水利厅印发的《2019 年宁夏水量分配计划及调度预案》可知，2018 年黄河耗水指标为 41.49 亿 m^2，根据 2019 年宁夏黄河水资源县级初始水权分配表可计算出各个县(市、区)的黄河耗水量即黄河分配水量。

将 2018 年宁夏黄河分配水量与取水水量进行对比，承载结果如表 5-5 所示。

表 5-5　2018 年宁夏引黄水量与耗水量　　　　　　单位:亿 m^3

县 (市、区)	2018 年黄河 实际取水量	2018 年黄河 实际耗水量	2018 年黄河 分配水量 (取水量)标准	2018 年黄河 分配水量 (耗水量)标准	取水状况	耗水状况
兴庆区						
金凤区	3.088	2.016	3.77	3.2	不超载	不超载
西夏区						
永宁县	3.368	1.522	4.88	2.79	不超载	不超载
贺兰县	4.046	2.06	5.2	3.11	不超载	不超载
灵武市	3.031	1.37	3.26	2.19	临界超载	不超载
大武口区	0.453	0.404	0.62	1.03	不超载	不超载
惠农区	1.984	1.252	2.17	1.17	临界超载	超载
平罗县	6.507	3.516	6.21	3.22	超载	超载
利通区	4.203	2.049	4.58	2.26	临界超载	临界超载
红寺堡区	2.008	2.033	1.98	2.1	超载	临界超载
盐池县	0.613	0.759	0.58	0.68	超载	超载
同心县	2.374	2.42	1.85	1.8	严重超载	严重超载
青铜峡市	5.871	2.638	6.63	3.95	不超载	不超载
原州区	0.105	0.509	0.48	1.41	不超载	不超载
西吉县						
隆德县						

续表 5-5

县 (市、区)	2018 年黄河 实际取水量	2018 年黄河 实际耗水量	2018 年黄河 分配水量 (取水量)标准	2018 年黄河 分配水量 (耗水量)标准	取水状况	耗水状况
泾源县						
彭阳县						
沙坡头区	4.619	2.272	5.6	2.1	不超载	超载
中宁县	5.331	3.248	5.58	3.06	临界超载	超载
海原县	0.794	0.99	0.82	1.13	临界超载	不超载
农垦	6.497	1.9	6.75	3.57	临界超载	不超载
宁东	1.872	2.929	1.86	0.81	超载	严重超载
合计	56.764	33.887	62.82	39.58	临界超载	不超载

(六) 生态流量

断面生态需水要求(根据黄河水资源保护研究院王化儒成果确定)。

与控制断面水文站流量监测结果进行对比,确定断面生态流量的满足程度。

依据《宁夏回族自治区主要河湖生态水量确定方案编制与研究成果报告》,宁夏主要河流基本生态水量见表 5-6。

依据《宁夏回族自治区主要河湖生态水量确定方案编制与研究成果报告》中确定的宁夏主要河流基本生态水量,2018 年茹河的彭阳、清水河的泉眼山、苦水河的郭家桥、红柳沟的鸣沙洲、葫芦河的静宁、泾河的泾河源、渝河的隆德等断面的基本生态水量能够满足。

(七) 万元工业增加值用水量

评价年全区万元工业增加值用水量(见表 5-7)。

万元工业增加值用水量阈值根据"三条红线"用水效率中万元工业增加值用水量得到。

1. 自治区

按照万元工业增加值用水量指标评价,2018 年宁夏全区万元工业增加值用水量比现状年实际万元工业增加值用水量少 0.248 亿 m^3,总体属于临界超载状态。

2. 市、县、区

银川市、固原市、中卫市万元工业增加值用水量总体均属于不超载状态;石嘴山市万元工业增加值用水量比现状年实际万元工业增加值用水量少 2.2 m^3,总体属于临界超载状态;吴忠市万元工业增加值用水量比现状年实际万元工业增加值用水量少 78.2 m^3,总体属于严重超载状态。

表 5-6　宁夏主要河流基本生态水量计算复核成果

基本信息		基本生态水量（天然系列）/万 m³			基本生态水量（实测系列）/万 m³			满足比例（天然系列）/%			满足比例（实测系列）/%			推荐/万 m³
河流名称	控制断面	T 法 5%	T 法 10%	频率曲线 95%	T 法 5%	T 法 10%	频率曲线 95%	T 法 5%	T 法 10%	频率曲线 95%	T 法 5%	T 法 10%	频率曲线 95%	结果
清水河	泉眼山	940.7	1 881.5	4 822.9	570.9	1 141.8	1 443.6	100	98.36	90.20	100	100	100	570.9
苦水河	郭家桥	83.5	167	206.3	464.3	928.5	1 550.3	100	100	100	100	100	88.50	500
红柳沟	鸣沙洲	33	66	118.2	73.6	147.2	338.3	100	100	100	100	100	100	73.6
泾河	泾河源	219.2	438.4	965	218.4	436.9	965	100	100	100	100	100	100	218.4
茹河	彭阳	215.5	431.1	1 270.2	163.9	327.8	675.8	100	100	90.50	100	100	100	163.9
葫芦河	静宁				157.2	314.4	198.5				100	97.60	100	157.2
渝河	隆德	25.1	50.2	97.9	22	44	57.1	100	100	93.30	100	100	100	22

表 5-7 2018 年全区水资源承载状况（万元工业增加值用水量）

县（市、区）	2018 年现状实际万元工业增加值用水量/万 m³	2018 年万元工业增加值用水量/万 m³	承载现状
兴庆区			
金凤区			
西夏区			
永宁县	25.9	40	不超载
贺兰县	20.9	40	不超载
灵武市	52.3	40	严重超载
大武口区	12.4	33	不超载
惠农区	60.6	33	严重超载
平罗县	28.2	33	不超载
利通区	15.2	21	不超载
红寺堡区	130.3	21	严重超载
盐池县	3.1	21	不超载
同心县	0.3	21	不超载
青铜峡市	34.3	21	严重超载
原州区	28.9	23	严重超载
西吉县	25.3	23	超载
隆德县	32	23	严重超载
泾源县	6	23	不超载
彭阳县	15.5	23	不超载
沙坡头区	38.7	35	超载
中宁县	38.2	35	超载
海原县	5.1	35	不超载
农垦			
宁东	56	41	严重超载
合计	39	39.248	临界超载

银川市的永宁县、贺兰县，石嘴山市的大武口区、平罗县，吴忠市的利通区、盐池县、同心县，固原市的泾源县、彭阳县，中卫市的海原县万元工业增加值用水量均属于不超载状态，银川市的灵武市，石嘴山市的惠农区，吴忠市的红寺堡区、青铜峡市，固原市的原州区、隆德县处于严重超载状态。

3. 独立单元

宁东万元工业增加值用水量比现状年实际万元工业增加值用水量少 15 亿 m³,严重超载。

二、综合指标评价

(一)评价方法及评分标准

水资源承载力单指标评价法简单明了,但由于水资源系统的非线性和复杂性,从单因子判断水资源承载力是否超载,突显了水资源开发利用中的短板,难以反映区域水资源系统承载力整体状况。如果约束性指标不超载,而非约束性指标超载,采用综合评价方法评价。承载力综合评价计算公式为:

$$C = \sum_{i=1}^{n} S_i \times w_i \tag{5-1}$$

式中:C 为评价分数;S_i 为第 i 个指标的评价分数;w_i 为第 i 个指标的权重。

评分标准如下:

(1)自治区级评价:在全自治区区级评价中,采用 7 项指标:取水总量、耗水总量、万元工业增加值用水量、灌溉水利用系数、引黄灌区地下水位、取用黄河水量、生态流量。对于正向指标,如灌溉水利用系数,其值越大,表明用水效率越高,水资源浪费少,水资源承载力越高。用标准值除以现状值,相应扩大 100 倍,即为承载力所得分数。对于负向指标,如取耗水总量、万元工业增加值用水,其值越低,水资源承载力越高。用现状值除以标准值,相应扩大 100 倍,即为承载力所得分数。总分为各个指标所得分数之和,小于 90 分为不超载、90~100 分为临界超载、大于 100 分为超载、大于 120 分为严重超载。

(2)地级市、县级评价:在地市、县(市)级评价中,采用 6 项指标:取水总量、耗水总量、万元工业增加值用水量、灌溉水利用系数、引黄灌区地下水位、取用黄河水量。正负指标与自治区级评价相同,每个县(市)总分为各个指标所得分数之和,小于 90 分为不超载、90~100 分为临界超载、大于 100 分为超载、大于 120 分为严重超载。

由于各个县(市)的实际情况不同,此次综合评价各个县(市)采用的指标不尽相同,如黄河分配水量指标只针对分配到黄河水的地区进行评价,各个县(市)的指标权重之和为 1,相同指标评分标准相同。

(3)生态流量评价:生态流量根据宁夏当地确定的主要河流来判断生态水量是否满足,主要河流依据《宁夏回族自治区主要河湖生态水量确定方案编制与研究成果报告》来确定,核算断面分别为茹河的彭阳、清水河的泉眼山、苦水河的郭家桥、红柳沟的鸣沙洲、葫芦河的静宁、泾河的泾河源、渝河的隆德等断面。并对比断面生态需水要求(根据黄河水资源保护研究院王化儒成果确定),来确定断面生态流量得分。

(二)权重确定

层次分析法(Analytic Hierarchy Process,简称 AHP 方法)是对方案的多指标系统进行分析的一种层次化、结构化决策方法,它将决策者对复杂系统的决策思维过程模型化、数量化。应用这种方法,决策者通过将复杂问题分解为若干层次和若干因素,在各因素之间进行简单的比较和计算,就可以得出不同方案的权重,为最佳方案的选择提供依据。运用AHP 方法,大体可分为以下几个步骤:

步骤1:分析系统中各因素间的关系,对同一层次各元素关于上一层次中某一准则的重要性进行两两比较,构造两两比较的判断矩阵。

步骤2:由判断矩阵计算被比较元素对于该准则的相对权重,并进行判断矩阵的一致性检验。

步骤3:计算各层次对于系统的总排序权重,并进行排序。

步骤4:得到各方案对于总目标的总排序。

层次分析法的一个重要特点就是用两两重要性程度之比的形式表示出两个方案的相应重要性程度等级。如对某一准则,对其下的各方案进行两两对比,并按其重要性程度评定等级。本次评价指标的评定等级量化值见表5-8。

表 5-8　评价指标的评定等级量化值

指标比指标	量化值
同等重要	1
稍微重要	3
较强重要	5
强烈重要	7
极端重要	9
两相邻判断的中间值	2,4,6,8

根据层次分析法确定权重的原理及相关步骤,得到本次适应性评价指标体系各指标的权重。

1. 自治区级指标具体权重

根据层次分析法确定区级7项指标的权重,具体见表5-9。

表 5-9　自治区级权重分配

指标	取水总量	耗水总量	灌溉水利用系数	万元工业增加值用水量	取用黄河水量	引黄灌区地下水位	生态流量
权重	0.26	0.26	0.1	0.1	0.19	0.05	0.04

2. 各地级市具体权重

此次评价根据各地市实际情况来确定指标权重,银川市、石嘴山市、吴忠市、中卫市的指标都为取水总量、耗水总量、灌溉水利用系数、万元工业增加值用水量、取用黄河水量、引黄灌区地下水位。其权重分配见表5-10。

表 5-10　银川市等权重分配

指标	取水总量	耗水总量	灌溉水利用系数	万元工业增加值用水量	取用黄河水量	引黄灌区地下水位
权重	0.28	0.28	0.09	0.09	0.2	0.06

固原市的评价指标为取水总量、耗水总量、灌溉水利用系数、万元工业增加值用水量、取用黄河水量。其权重分配见表 5-11。

表 5-11　固原市权重分配

指标	取水总量	耗水总量	灌溉水利用系数	万元工业增加值用水量	取用黄河水量
权重	0.31	0.31	0.09	0.09	0.20

农垦和宁东的指标分别为取水总量、耗水总量、灌溉水利用系数、取用黄河水量，取水总量、耗水总量、万元工业增加值用水量、取用黄河水量，灌溉水利用系数与万元工业增加值用水量权重相同，可归为一类。其权重分配见表 5-12。

表 5-12　农垦和宁东权重分配

指标	取水总量	耗水总量	灌溉水利用系数/万元工业增加值用水量	取用黄河水量
权重	0.35	0.35	0.1	0.2

3. 各县(市、区)具体权重

此次评价根据各县实际情况来确定指标权重，永宁县、贺兰县、灵武市、惠农区、平罗县、利通区、红寺堡区、盐池县、同心县、青铜峡市、沙坡头区、中宁县的指标都为取水总量、耗水总量、灌溉水利用系数、万元工业增加值用水量、取用黄河水量、引黄灌区地下水位。其权重分配见表 5-13。

表 5-13　永宁县等权重分配

指标	取水总量	耗水总量	灌溉水利用系数	万元工业增加值用水量	取用黄河水量	引黄灌区地下水位
权重	0.28	0.28	0.09	0.09	0.2	0.06

固原市的隆德县、西吉县、泾源县、彭阳县 4 个县由于地理位置无法引用黄河水，其指标为取水总量、耗水总量、灌溉水利用系数、万元工业增加值用水量，其权重分配见表 5-14。

表 5-14　隆德县等权重分配

指标	取水总量	耗水总量	灌溉水利用系数	万元工业增加值用水量
权重	0.375	0.375	0.125	0.125

大武口区、原州区、海原县的指标都为取水总量、耗水总量、灌溉水利用系数、万元工业增加值用水量、取用黄河水量，其权重分配见表 5-15。

表 5-15　大武口区等权重分配

指标	取水总量	耗水总量	灌溉水利用系数	万元工业增加值用水量	取用黄河水量
权重	0.31	0.31	0.09	0.09	0.20

农垦和宁东的指标分别为取水总量、耗水总量、灌溉水利用系数、万元工业增加值用水量、取用黄河水量,其权重分配见表 5-16。灌溉水利用系数与万元工业增加值用水量权重相同,可归为一类。

表 5-16　农垦和宁东权重分配

指标	取水总量	耗水总量	灌溉水利用系数	万元工业增加值用水量	取用黄河水量
权重	0.31	0.31	0.09	0.09	0.2

银川主城区权重为一类,见表 5-17。

表 5-17　银川主城区权重分配

指标	取水总量	耗水总量	灌溉水利用系数	引黄灌区地下水位	取用黄河水量
权重	0.31	0.31	0.12	0.06	0.2

(三)评价结果

1. 自治区级评价

根据各指标的评价分数及各评价指标的权重,按照式(5-1)计算得到宁夏自治区 2018 年水资源承载力得分情况(见表 5-18、图 5-4)。由表 5-18 可知,自治区综合评分结果为 94 分,属于临界超载状态,水资源可承载力低。

表 5-18　宁夏自治区水资源承载力综合评价分数

指标	取水总量	耗水总量	万元工业增加值用水量	灌溉水利用系数	引黄灌区地下水位	取用黄河水量	生态流量	综合得分	承载情况
总计得分	91	83	100	101	190	91	46	94	临界超载

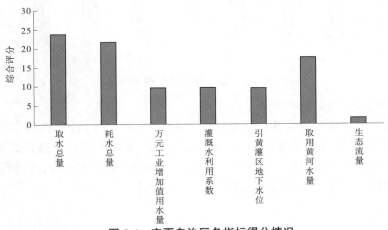

图 5-4　宁夏自治区各指标得分情况

2. 各地级市综合评价

根据各指标的评价分数及各评价指标的权重,按照式(5-1)计算得到宁夏各地级市2018年水资源承载力得分情况(见表5-19)。由表5-19可知,水资源承载力得分最低的为固原市,为58分,不超载,承载力较高;得分最高的为宁东,分数151分,严重超载,水资源可开发利用度低。各地级市综合得分情况见图5-5。

表5-19　地级市水资源承载力综合评价分数

地级市	取水总量	耗水总量	万元工业增加值用水量	灌溉水利用系数	引黄灌区地下水位	取用黄河水量	综合得分	超载情况
银川市	82	62	80	102	114	79	79	不超载
石嘴山市	106	95	100	102	104	99	101	超载
吴忠市	95	92	86	108	403	96	113	超载
中卫市	88	103	100	109	140	90	99	临界超载
固原市	81	34	104	99		22	58	不超载
农垦	91	82		106		96	91	临界超载
宁东	96	235	137			101	151	严重超载

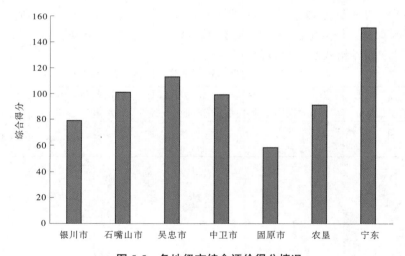

图5-5　各地级市综合评价得分情况

3. 各县(市、区)级综合评价

根据各指标的评价分数及各评价指标的权重,按照式(5-1)计算得到宁夏各县2018水资源承载力得分情况(见表5-20)。由表5-20可知,水资源承载力得分最低的为泾源县,为54分,不超载,承载力较高;得分最高的为红寺堡区,分数158分,严重超载,水资源可开发利用度低。各县市综合得分情况见图5-6、图5-7。

表5-20　县域水资源承载力综合评价分数

地市	县(市、区)	取水总量	耗水总量	灌溉水利用系数	万元工业增加值用水量	取用黄河水量	引黄灌区地下水位	综合得分	超载情况
银川市	兴庆区	89	63	104		82	167	88	不超载
	永宁县	67	55	103	63	69	114	70	不超载
	贺兰县	85	66	103	51	78	100	78	不超载
	灵武市	91	63	105	128	93	74	87	不超载
	大武口区	94	39	102	38	73		69	不超载
石嘴山市	惠农区	104	107	103	184	91	147	112	超载
	平罗县	108	109	103	85	105	62	102	超载
	利通区	92	91	106	72	92	103	92	临界超载
	红寺堡区	103	97	102	620	101	274	158	严重超载
吴忠市	盐池县	104	112	101	15	106	302	110	超载
	同心县	125	134	102	1	128	631	145	严重超载
	青铜峡市	85	67	109	163	89	144	94	临界超载
	原州区	78	36	101	126	22		60	不超载
	西吉县	86	37	101	110			73	不超载
固原市	隆德县	63	24	100	139			62	不超载
	泾源县	72	30	100	26			54	不超载
	彭阳县	95	32	100	67			69	不超载
	沙坡头区	81	108	111	108	82	69	93	临界超载
中卫市	中宁县	96	106	109	104	96	207	107	超载
	海原县	87	88	102	15	97		84	不超载
其他	农垦农场	90	83	105		96		90	临界超载
	宁东	97	233		135	101		149	严重超载

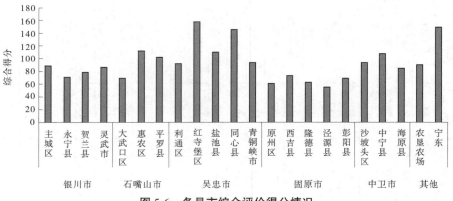

图 5-6　各县市综合评价得分情况

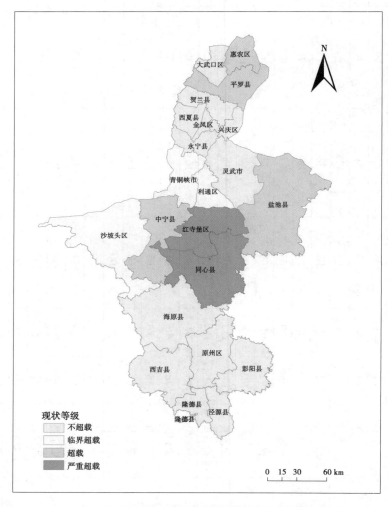

图 5-7　各县市水资源承载现状评价等级情况

4.生态流量评价

依据评分标准,得出宁夏主要河流生态流量得分,见表 5-21。由表 5-21 可知,主要河流生态流量都可得到满足,得分最低的为红柳沟,得分最高为泾河。得分趋势见图 5-8。

表 5-21　主要河流生态流量得分

河流	分数	承载情况
茹河	59	不超载
清水河	39	不超载
苦水河	38	不超载
红柳沟	27	不超载
葫芦河	55	不超载
泾河	60	不超载
渝河	45	不超载

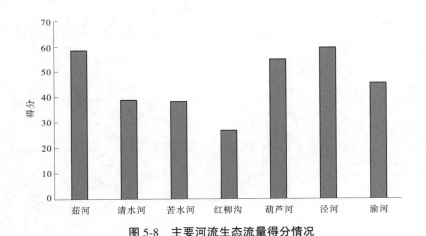

图 5-8　主要河流生态流量得分情况

第三节　2020 年水资源承载力评价

对于 2020 年总取水量、地下水取用水量等指标,数据来源于《2020 年水资源公报》,与 2020 年红线、"十四五"用水权管控指标进行水资源承载力预警分析。根据现状年总取水量、地下水取用水量等进行要素评价,划分严重超载、超载、临界状态、不超载的区域范围。判别标准如下:

(1)单指标评价。

对于用水总量,W 为现状值,W_0 为控制指标,$W \geq 1.2W_0$ 为严重超载,$W_0 \leq W < 1.2W_0$ 为超载,$0.9W_0 \leq W < W_0$ 为临界状态,$W < 0.9W_0$ 为不超载。

对地下水开发利用,$G \geq 1.2G_0$ 或超采区浅层地下水超采系数 ≥ 0.3 或存在深层承压水开采量或存在山丘区地下水过度开采为严重超载,$G_0 \leq G < 1.2G_0$ 或超采区浅层地下水

超采系数介于(0,0.3]或存在山丘区地下水过度开采为超载,$0.9G_0 \leqslant G < G_0$为临界状态,$G < 0.9G_0$为不超载。

（2）水量要素评价。

严重超载:任一评价指标为严重超载。任一指标是指最不利的评价指标,即一个指标为超载,另一个指标为严重超载,则应判定为"严重超载";一个指标为超载,另一个指标为临界超载,则应判定为"超载",下同。

一、总取水量

对于 2020 年总取水量(见表 5-22、图 5-9),宁夏全区为临界超载。吴忠市的盐池县、同心县处于严重超载。石嘴山市、吴忠市、中卫市 3 个地级市,银川市市区,石嘴山市的平罗县,吴忠市的利通区、红寺堡区,中卫市的沙坡头区、中宁县 6 个区县处于超载状态。银川市的贺兰县、灵武市,石嘴山市的大武口区、惠农区,固原市的彭阳县,宁东 6 个区县处于临界超载。银川市、固原市 2 个地级市,银川市的永宁县,吴忠市的青铜峡市,中卫市的海原县,固原市的原州区、西吉县、隆德县、泾源县 7 个市县区处于不超载状态。

表 5-22　2021 年取水量承载状况

市(县、区)		2020 年总取水量/亿 m³	2020 年总取水量红线/亿 m³	状态
银川市	银川市区	7.879	7.38	超载
	永宁县	3.955	6.38	不超载
	贺兰县	5.592	6.16	临界超载
	灵武市	4.192	4.39	临界超载
	小计	21.618	24.31	不超载
石嘴山市	大武口区	1.21	1.32	临界超载
	平罗县	8.406	8.09	超载
	惠农区	3.145	3.15	临界超载
	小计	12.761	12.56	超载
吴忠市	利通区	5.793	5.71	超载
	青铜峡市	6.394	7.54	不超载
	盐池县	0.999	0.82	严重超载
	同心县	2.503	1.98	严重超载
	红寺堡	2.428	2.05	超载
	小计	18.117	18.10	超载

续表 5-22

市(县、区)		2020 年总取水量/亿 m³	2020 年总取水量红线/亿 m³	状态
中卫市	沙坡头区	6.315	6.21	超载
	中宁县	7.079	7.06	超载
	海原县	1.086	1.21	不超载
	小计	14.48	14.48	超载
固原市	原州区	0.531	0.85	不超载
	西吉县	0.313	0.40	不超载
	隆德县	0.118	0.19	不超载
	泾源县	0.032	0.09	不超载
	彭阳县	0.266	0.29	临界超载
	小计	1.260	1.82	不超载
宁东		1.967	2.00	临界超载
全区合计		70.203	73.27	临界超载

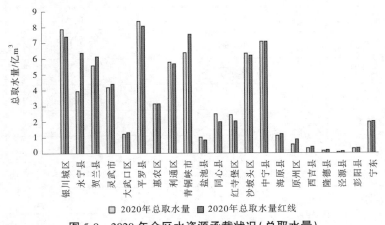

图 5-9　2020 年全区水资源承载状况(总取水量)

二、地下水取水量

对于 2020 年地下水取水(见表 5-23、图 5-10),宁夏全区为临界超载状态。银川市市区,石嘴山市的大武口区、惠农区,吴忠市的利通区、红寺堡区、盐池县,宁东处于严重超载。石嘴山市、吴忠市、中卫市 3 个地级市,固原市的西吉县,中卫市的沙坡头区、海原县 3 个区县处于超载状态。银川市 1 个地级市,中卫市的中宁县 1 个县处于临界超载。固原市 1 个地级市,银川市的永宁县、贺兰县、灵武市,石嘴山市的平罗县,吴忠市的同心县、青铜峡市,固原市的原州区、隆德县、泾源县、彭阳县 10 个县(市、区)为不超载。

表 5-23　2020 年地下水取水量承载状况

行政分区		2020 年地下水取水量/亿 m³	2025 年控制指标/亿 m³	状态
银川市	银川市区	0.894	0.69	严重超载
	永宁县	0.399	0.56	不超载
	贺兰县	0.549	0.62	不超载
	灵武市	0.162	0.29	不超载
	小计	2.004	2.16	临界超载
石嘴山市	大武口区	0.446	0.35	严重超载
	惠农区	0.598	0.41	严重超载
	平罗县	0.52	0.67	不超载
	小计	1.564	1.43	超载
吴忠市	利通区	0.512	0.39	严重超载
	红寺堡区	0.045	0.035	严重超载
	盐池县	0.237	0.055	严重超载
	同心县	0.049	0.10	不超载
	青铜峡市	0.247	0.44	不超载
	小计	1.090	1.02	超载
固原市	原州区	0.167	0.31	不超载
	西吉县	0.162	0.15	超载
	隆德县	0.004	0.02	不超载
	泾源县	0	0.01	不超载
	彭阳县	0.034	0.15	不超载
	小计	0.367	0.64	不超载
中卫市	沙坡头区	0.538	0.45	超载
	中宁县	0.333	0.36	临界超载
	海原县	0.217	0.21	超载
	小计	1.088	1.02	超载
宁东		0.025	0	严重超载
宁夏全区		6.138	6.27	临界超载

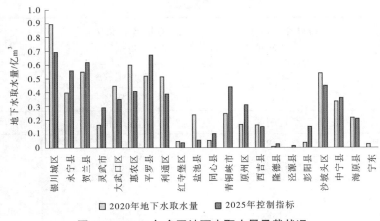

图 5-10　2020 年全区地下水取水量承载状况

三、水量要素综合评价

对单指标要素总取水量、地下水取水量的评价结果进行水量综合评价(见表 5-24),其中宁夏全区处于临界超载状态。银川市区,石嘴山市的大武口区、惠农区,吴忠市的利通区、红寺堡区、盐池县、同心县 7 个市(县、区),宁东 1 个独立单元处于严重超载。石嘴山市、吴忠市、中卫市 3 个地级市,石嘴山市的平罗县,固原市的西吉县,中卫市的沙坡头区、中宁县、海原县 5 个县(区)处于超载状态。银川市 1 个地级市,银川市的贺兰县、灵武市,固原市的彭阳县 3 个县(市)处于临界超载。固原市 1 个地级市,银川市的永宁县,吴忠市的青铜峡市,固原市的原州区、隆德县、泾源县 5 个县(市、区)处于不超载状态。

表 5-24　2020 年全区水量要素综合评价

行政分区		2020 年总取水量评价结果	2020 年地下水取水量评价结果	水量综合评价结果
银川市	银川市区	超载	严重超载	严重超载
	永宁县	不超载	不超载	不超载
	贺兰县	临界超载	不超载	临界超载
	灵武市	临界超载	不超载	临界超载
	小计	不超载	临界超载	临界超载
石嘴山市	大武口区	临界超载	严重超载	严重超载
	惠农区	临界超载	严重超载	严重超载
	平罗县	超载	不超载	超载
	小计	超载	超载	超载

续表 5-24

行政分区		2020 年总取水量 评价结果	2020 年地下水取水量 评价结果	水量综合评价结果
吴忠市	利通区	超载	严重超载	严重超载
	红寺堡区	超载	严重超载	严重超载
	盐池县	严重超载	严重超载	严重超载
	同心县	严重超载	不超载	严重超载
	青铜峡市	不超载	不超载	不超载
	小计	超载	超载	超载
固原市	原州区	不超载	不超载	不超载
	西吉县	不超载	超载	超载
	隆德县	不超载	不超载	不超载
	泾源县	不超载	不超载	不超载
	彭阳县	临界超载	不超载	临界超载
	小计	不超载	不超载	不超载
中卫市	沙坡头区	超载	超载	超载
	中宁县	超载	临界超载	超载
	海原县	不超载	超载	超载
	小计	超载	超载	超载
宁东		临界超载	严重超载	严重超载
宁夏全区		临界超载	临界超载	临界超载

第四节　水资源承载力监测预警机制

一、水资源承载力监测预警内涵

建立水资源承载力监测预警机制是水资源新领域的新课题。如何科学地界定预警概念的内涵和外延,是开展水资源承载力预警评价无法回避的问题。"预警"在《辞海》上有警告的意思,事先警告、提醒被告人的注意和警惕。因此,所谓"预警"就是指对某一预警对象的现状和未来进行测度,预报不正常状态的时空范围和危害程度及提出防范措施,以避免危害在不知情或准备不足的情况下发生,从而最大程度地减轻危害及损失的行为。水资源承载力预警是指将预警的理论和方法应用到水资源承载力评价中,建立与水资源承载力发展规律紧密相关的预警指标,根据区域生态环境和社会经济可持续发展要求划定针对这些指标的警戒阈值;同时对未来某段时间的水资源承载力系统状况进行预测,利用警戒阈值判断区域水资源承载力未来状况是否处于警戒状态并对危害发生可能性和程度进行预判,据此向政府、社会和水管理部门发出不同等级的示警信号,并施以相应的调控措施。

水资源承载力预警具有动态性、区域性和不确定性。

(1)动态性。水资源承载力是由承载体和承载对象决定的,承载体即水资源自身,承载对象是经济社会规模。水资源承载力的动态性主要表现在承载力形成的整个过程中的方方面面都在发生变化,因为自然界是变化的,承载体表现为动态性;人类生产生活活动的内容、规模是变化的,承载对象也表现为更强烈的动态性;人类的技术进步和组织管理水平的进步,都将带来承载弹性的提升,这也极大地影响到水资源承载力结果的变化。

(2)区域性。区域是一个多层次的空间系统,既有等级差异,如国家级、省级等;又有类型之别,如城市和乡村、平原和山地等。对于不同区域来说,水资源承载力影响因素差别很大。每个区域必须探索适合自己特点的水资源承载力预警系统,不能套用同一种模式。

(3)不确定性。水资源系统是一个复杂的巨系统,地表地下水系统的复杂性、影响因素的不确定性和人类认识自然能力的局限性,导致水资源承载力预警存在着大量的不确定性和风险。

水资源承载力监测预警是一项综合性的工作,它包括数据监测、水资源承载力预警评价及管理决策。信息收集与整理是水资源承载力监测预警的输入系统,是预警的第一步。水资源承载力预警所需基础数据覆盖水资源、社会经济生活和生态环境的诸多领域,既包括空间上的区域边界、河流水系等,也包括区域内水资源总量、生产(生活)用水、水环境质量等,其完善程度及动态性对系统的预警质量和及时性有着重要影响。水资源承载力预警评价是对水资源承载力现状及未来某一状态进行客观评价,无论是现状评价还是未来某一状态的预警评价,都需要构建合理的水资源承载力评价指标,以便对水资源承载力状况进行评价,得到超载、临界超载和不超载的客观结论。合理确定水资源承载力预警指标体系是进行区域水资源承载力预警研究的难点和核心,该预警指标体系能定量表述未来水资源承载力发展变化,通过该预警指标体系能得到水资源承载力评价指标,在预测机制的基础上利用指标体系进行预警工作。在水资源承载力超过预警阈值的情况下,应及时发布预警信息并提出相应的调控决策建议,预警信息发布和管理决策机制的主要内容为设置预警控制线和响应线,建立相应的反馈制度,以充分发挥水资源承载力的指标作用,同时采取调整措施避免区域内人口经济快速发展对水资源和生态环境造成巨大冲击,实现社会经济与水资源、生态环境的可持续协调发展。

二、建立预警机制的必要性及意义

(1)是贯彻中央建立资源环境承载力监测预警长效机制的重要举措。

水资源承载力是资源环境承载力的重要组成部分。中共中央办公厅、国务院办公厅印发了《关于建立资源环境承载能力监测预警长效机制的若干意见》,明确提出建立手段完备、数据共享、实时高效、管控有力、多方协同的资源环境承载力监测预警长效机制,有效规范空间开发秩序,合理控制空间开发强度,切实将各类开发活动限制在资源环境承载力之内,为构建高效、协调、可持续的国土空间开发格局奠定坚实基础。开展宁夏水资源承载力预警机制建设,对贯彻中央生态文明建设部署、完善资源环境承载力预警机制具有重要意义。

(2)是提高水资源利用效率、保障宁夏经济社会持续发展的重要途径。

宁夏干旱少雨、水资源短缺、生态环境脆弱,同时水资源开发利用方式仍较粗放,用水效率不高。2017 年全区灌溉水有效利用系数仅为 0.524,万元 GDP 用水量为 191 m^3,明显低于国内发达地区水平。开展水资源承载力预警机制建设,将推动建立水资源要素对经济社会发展的倒逼机制,对宁夏转变发展方式、调整产业结构、节约和保护水资源具有重要意义,有利于缓解宁夏经济社会发展与水资源紧缺的矛盾,提高水资源承载力,促进地区经济社会协调发展。

(3)是建立宁夏现代水资源管理体系的重要基础。

水资源承载力预警机制是发挥市场配置资源决定性作用和更好发挥政府作用的重要着力点。开展水资源承载力预警,明确各市县和重点用水户水资源承载力状况,并按预警等级进行水资源管理,涉及水资源管理方式由粗放式管理向精细化管理、定量化管理转变的重大变革,对用水总量控制、水资源节约和保护、监控计量、信息化管理、用途管制等都提出了更高的要求,这些都将助推建立健全宁夏现代水资源管理体系,对完善现代水治理体系具有重要意义。

三、总体框架

(一)指导思想

以习近平新时代中国特色社会主义思想为指导,结合当前我国治水的主要矛盾的深刻变化,从人民群众对除水害、兴水利的需求与水利工程能力不足的矛盾,转变为人民群众对水资源、水生态、水环境的需求与水利行业监管能力不足的矛盾,落实“水利工程补短板、水利行业强监管”的水利改革发展总基调,建立手段完备、数据共享、实时高效、管控有力、多方协同的水资源承载力监测预警长效机制,有效规范水资源开发秩序,合理控制水资源开发强度,实现从改造自然、征服自然转向调整人的行为,纠正人的错误行为。

(二)编制原则

(1)科学规划,顶层设计。

遵循国家关于信息化建设、水资源监控能力建设、水资源承载力监测预警要求,科学分析宁夏水资源监测的现状和发展需求,贯彻顶层设计理念,规划整合现有的采集基础设施、通信网络和业务系统,防止重复建设和资源浪费,做到科学、经济、实用。

(2)统筹管理,分级预警。

贯彻统一指导,逐一落实,协调推进的理念,充分发挥各级水行政主管部门的积极性,分级监测、分级管理、分级评价、分级发布,保证水资源承载力监测预警机制有效利用。

(3)结合实践,实用可靠。

根据实践经验,按照适度超前的原则选用先进技术,选用当前先进的成熟软件、硬件,实现适用可靠的目标;采用先进的管理方法,保证系统的先进性,以利于调整和扩展,保证系统的开放性和兼容性,为系统技术更新、功能升级留有余地。

(三)建设目标

按照新时期水利行业强监管总要求,在宁夏水资源管理已有工作基础上,利用3~5年时间,完善水资源监测体系,建立完善的水资源承载力评价方法和指标体系,搭建水资源承载力预警平台,制定预警及响应管理制度,建立预警长效机制,实现水资源承载状况正确评价、水资源合理调度及总量控制,为宁夏经济社会发展提供保障。

(四)预警对象、预警范围、预警期及预警级别

1. 预警对象

预警对象包括受载体和承载体。受载体包含区域本地地表水和地下水资源,以及过境黄河水;承载体包括经济社会和生态环境用水总量。具体包括区域用水总量、灌区地下水、主要河流湖泊生态水量、重点用水户。

2. 预警范围

预警范围覆盖区域全部国土空间,预警评价基本单元为县级行政区,包括22个县域单元和宁东、农垦2个独立单元(见表5-25)。

表5-25　工作单元分区

地市	县(市、区)
银川市	兴庆区
	金凤区
	西夏区
	永宁县
	贺兰县
	灵武市
石嘴山市	大武口区
	平罗县
	惠农区
吴忠市	利通区
	青铜峡市
	盐池县
	同心县
	红寺堡区
中卫市	沙坡头区
	中宁县
	海原县

续表 5-25

地市	县(市、区)
固原市	原州区
	西吉县
	隆德县
	泾源县
	彭阳县
独立单元	宁东
	农垦

3. 预警期

预警期是指发布预警的预见期。在实际应用时,预警期不宜过长或过短,预警期过长,不确定性因素较多,影响预警的准确性,预警参考价值较低;预警期过短,不能对水资源管理和综合利用起到很好的导向作用,实用性不大。结合宁夏水资源监测状况和预警评价结果实用性,以年为时段进行水资源承载力预警评价,以年初为预警基点,对年中、年末水资源承载力进行预警评价。

4. 预警级别

预警级别的制定应综合考虑以下几方面的因素:

(1)要符合已有标准的要求,并尽量采用已有的警情划分等级,保持与已有相关系统的一致性。

(2)预警级别的划分要综合考虑事件可能造成的危害性、紧急程度和发展势态,级别的划分应具有区分性。

(3)要考虑不同内容、不同警情发布对象预警触发条件的可操作性。

(4)要具有可操作性,能够指导系统的开发工作。

与预警指标阈值对比,水资源承载力预警级别分为严重超载(红色),大于预警阈值120%;超载(橙色),大于预警阈值100%;临界超载(黄色),大于预警阈值90%;不超载(绿色),小于预警阈值90%。

(五) 预警机制框架

水资源承载力监测预警机制是对区域或流域水资源承载力事先进行预判和警告,制订一个具体的可操作性方案指导相关部门和人员对水资源承载力超载进行预先防控的一种机制,它应由四部分内容组成:监测系统、水资源承载力预警评价系统、决策响应系统、长效机制。水资源承载力的承载体和受载体是动态的,水资源承载力也是动态变化的。水资源承载力预警机制是在评价水资源承载能力现状和变化规律分析的基础上,通过对水资源承载力预警指标变化趋势预估,对未来一定时段水资源承载力状况进行预警,并根据水资源承载力变化原因,提出水资源承载能力调控措施,并建立水资源承载力预警长效机制。因此,水资源承载力监测预警机制框架的具体内容包括预警信息监测、水资源承载力预警指标构建、水资源承载力评价方法、水资源承载力现状及变化动态评价、水资源承载力预警指标变化趋势预估及预警评价、响应措施、制度体系、保障措施和预警平台等内容。

宁夏水资源承载力预警机制框架见图5-11。

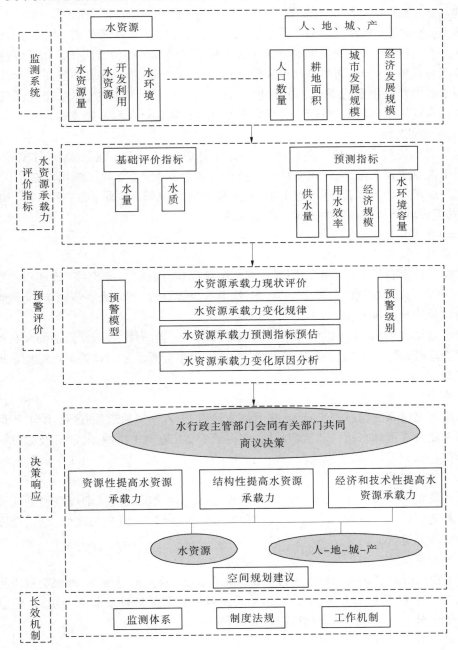

图 5-11　宁夏水资源承载力预警机制框架

四、监测体系建设

(一)建设任务

按照新时期水利行业强监管总要求,在宁夏全区水资源管理已有工作的基础上,逐步统筹地表水、地下水监测站网,规划整合多个监测网络,科学统一监测体系,建立统一监测标准体系,逐步完善水资源监测体系;进一步优化调整现有监测网布局,实现与水资源合理利用与有效保护、水源地供水安全和地下水超采区情况等相关监测任务相适应;进一步提高监测覆盖面,逐步提高监测站点和监测指标的覆盖面;进一步提供监测能力,以满足水资源承载力监测预警的要求。逐步建立国家、省、市、县分级管理,体系完善,信息化程度较高的水资源水环境监测体系,为水资源承载力预警提供基础数据支撑。

(二)监测对象

为实现水资源承载力预警和落实水资源管理的"三条红线",监测对象应包括:①黄河干流及主要支流、灌区重要排水沟及行政边界断面;②行政区域用水总量;③重点取用水户取用水量监测;④灌区地下水动态、超采区水位和开采量;⑤主要河流湖泊生态水量;⑥重要城镇和农村集中式饮用水水源地水量。

(三)建设内容

1.监测体系设计

根据目前水资源水环境监测网络尚未全覆盖现状,按照"三条红线"管理和水资源承载力预警需求,对取用水、退排水、水生态、地下水、水源地监测站进一步完善,实现水资源水环境监测的全区域覆盖。

建设自动监测站、常规巡测和移动监测融合的统一监测体系,以常规巡测和自动监测站数据为基础,通过移动监测补充特殊监测需求,为水资源承载力预警提供基础数据和决策支撑。

1)自动监测站体系

采用先进可靠的信息采集技术,在引供水河道、出入湖河通道、灌区排水沟、省际边界主要河湖建设水量和水质自动监测站网,实现最少 2 h 监测 1 次数据,能够及时掌握出入河湖、省市间的水量水质交换情况。

2)常规巡测体系

按月发布流域省界水体、重点水功能区水资源质量状况通报。常规巡测是几种监测方式中最高的,但缺点是需要大量的人力和实验室设备投入,监测频次低,难以全面及时反映水资源环境状况。

3)移动监测体系

为了提高应对区域突发性水事件的应急监测能力,提高应急效率,确保突发水污染事件应急工作有序、高效的开展,需建立移动式流域水资源保护自动监测系统,并将监测数据实时传送至数据中心,供监督管理部门决策使用。

4)监测数据传输管理体系

为保障信息及时、安全、准确地传输至数据中心,必须建立完善的信息网络保障体系,保障卫星遥感大尺度观测、自动监测站实时监测、人工巡测和外部共享等数据的网络传输。

2.监测标准体系

在统筹考虑现有各部门和地方监测体系的基础上,应组织自治区水利、环保、农业、气象、城建等多部门共同开展全区水资源水环境监测站网规划编制,完成相关技术标准的制订和修订,开展水资源水环境标准、监测规范、分析方法、质量评价的技术体系研究,进一步完善水资源保护监测体系,更好地为流域水资源保护管理和社会经济可持续发展服务。

3.运维管理体系

总结现有的运维管理经验,结合目前的实际情况,统一制定运维管理制度和规范。通过定期和不定期的检查,促进各项制度规范在数据中心的贯彻落实,从而建立起统一、规范的运行维护管理工作方式。

为加强对信息系统的运行维护管理,确保运行维护体系的高效、协调运行,根据运维管理环节、管理内容、管理要求制定统一的运行维护工作流程,实现运行维护工作的标准化、规范化和自动化。

加强运行维护队伍建设,建立各类维护人员的专家队伍,集中开展运行维护工作。对各级运行维护人员尤其是高级运行维护人员的管理,应制定一套切实可行的管理办法,包括人员配置、职责划分、人才库建立、人员培训、人员考核、人员待遇等。

五、监测预警平台建设

(一)目标

按照新时期水利行业强监管总要求,在宁夏水资源管理已有工作基础上,利用 3~5 年时间,完善水资源监测体系,建立完善的水资源承载力评价方法和指标体系,搭建水资源承载力预警平台,制定预警及响应管理制度,建立预警长效机制,实现水资源承载状况正确评价、水资源合理调度及总量控制,为各级水行政主管部门水资源利用和管理提供支撑,为宁夏经济社会发展提供保障。

(二)建设思路

平台是实现水资源供需管理和优化配置的重要组成部分,平台在开发过程中对软件的应变及扩展能力提出了相当高的要求,这就需要相对应的软件系统要有足够的灵活性来适应这种快速的变化,为了更好地满足上述要求,采用如下设计思路。

(1)先进性。

系统建设中,要尽可能采用国内外先进的计算机技术、信息技术及通信技术,采用先进的体系结构和技术发展的主流产品,保证系统高效运行。

(2)可靠性。

系统运行稳定可靠,根据业务量分析和预测,考虑系统设备的处理能力,系统应具有超负荷控制能力;考虑系统在峰值情况下,设备能安全可靠运行、数据备份机制完善,确保不死机,没有数据丢失。

(3)实用性。

实用性就是最大限度地满足工作的需要,一方面,计算机系统实现基础数据共享,为相关的应用系统调用;另一方面,各种系统用户界面要求直观、简洁。

（4）开放性。

要构建灵活、开放的体系结构,保证数据库的数据移植,有效利用;同时,为系统扩展、升级及不可遇见的管理模式的改变留有余地,并为后期建设的平稳过渡打下基础。

（5）可扩展性。

系统的软硬件设备具有可扩展性,具备逐步升级的能力,采用模块化升级能在整个系统正常运行下,在线提升处理能力。

（6）安全性。

系统需要采用多种手段,确保数据安全,保证信息传递的及时、准确。

（7）时效性。

系统要求有很高的时效性,系统设计考虑满足各种服务指标的要求。

平台设计须遵循各地区通用、接口开放且标准化、支持决策等原则,宜采用多层架构及模块化的开发方式,各模块之间相互独立,模块接口开放、明确。根据该系统具有地理分布特征的特点,平台总体框架宜以 GIS 基础应用平台为可视化平台,依托省、市、县级或流域级基础地形数据、社会经济数据、水资源监测与统计数据等作为建模基础,搭建水资源承载力评价系统、水资源承载力预警系统,构建水资源承载力监测预警平台,并具备对外发布信息和提供决策的功能。平台建成后作为河长制管理平台的一个模块。

（三）服务对象

服务对象(系统的用户)主要包括自治区用户、市级用户、县级用户、系统运维用户及社会公众用户五大类。

1. 自治区用户

自治区用户包括自治区水利厅水资源管理部门(水政水资源处),自治区水行政主管单位其他非水资源管理部门,自治区级科研、勘测设计单位。

根据平台运行维护与管理应用的需要,自治区用户分为管理员和一般用户、特定权限查看用户、特定权限管理用户及临时用户。

2. 市级用户

市级用户包括市级水资源管理部门,市级水行政主管单位,市级科研、勘测设计单位。水资源管理由银川市、石嘴山市、吴忠市、固原市、中卫市等 5 个市水务局下属的水资源处负责。

市级用户的开通由自治区管理员负责开通及管理。根据平台运行维护与管理应用的需要,市级用户可以划分为市级管理员、市级一般用户、市级特定权限查看用户、市级特定权限管理用户及市级临时用户。

3. 县级用户

县级用户包括县级水资源管理部门,县级水行政主管单位,县级科研、勘测设计单位。宁夏回族自治区县(市)级水资源管理机构共有 22 个,水资源管理职能由各县(市)级水务局下属的水务局负责。

县级用户的开通由自治区管理员负责开通及管理。根据平台运行维护与管理应用的需要,县级用户可以划分为县级管理员、县级一般用户、县级特定权限查看用户、县级特定权限管理用户及县级临时用户。

农耕和宁东工业园区属于县级用户。

4. 系统运维用户

系统运维用户是系统的重要用户之一,由自治区管理员负责开通及管理。系统运维用户主要负责网站运行的各类监测点的数据接入等工作。同时,设立信息服务栏目,实现运维用户与水行政主管部门的在线沟通等。

5. 社会公众用户

社会公众用户是水资源信息发布平台的主要用户。社会公众通过浏览和查询水资源信息网站,了解本区域水资源的基本情况、水资源情势、水质状况、有关的规章制度、办事流程和手续要求等。

根据公众获取需求的不同,可以将社会公众用户划分为浏览用户和登记用户两类。社会公众登记用户可以通过公众互动平台登记注册。

各类用户的数据权限见表5-26。

表5-26　用户分类权限

序号	类型	说明	权限
1	管理员	具有查看、维护对应行政区域范围内全部水资源承载力功能模块	查看、维护、删除、统计等
2	一般用户	具有查看对应行政区域范围全部水资源承载力预警数据发布情况	查看
3	特定权限查询用户	具有查看某一或者某几类水资源承载力模块的数据发布情况	查看
4	特定权限管理用户	具有查看、维护水资源某一或者某几类功能模块的数据发布情况	查看、维护、删除、统计
5	临时用户	在开通时间范围内,仅具有查看全自治区部分或者全部水资源承载力预警发布数据	查看

(四)平台总体框架

1. 平台设计

水资源环境承载力监测预警平台是监测预警系统的具体实现,是为实现水资源环境承载力监测预警体制建设中关键的业务化运行的工具。

平台设计须遵循各地区通用、接口开放且标准化、支持决策等原则,宜采用多层架构及模块化的开发方式,各模块之间相互独立,模块接口开放、明确。根据该系统具有地理分布特征的特点,平台总体框架宜以GIS基础应用平台为可视化平台,集成成熟的水环境容量计算模型核心算法,同时开发非点源污染负荷计算模型、水质模拟模型等核心算法。依托省、市、县级或流域级基础地形数据、社会经济数据、环境监测与统计数据、污染源数据等作为建模基础,搭建水环境容量计算系统、水污染负荷计算系统,以及水环境承载力评估预警系统,构建水环境承载力监测预警平台,并具备对外发布信息和提供决策的功能。水资源承载力预警平台设计见图 5-12。

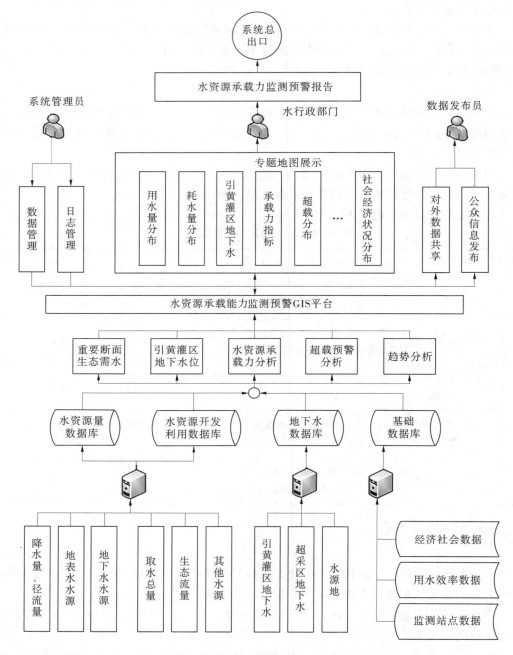

图 5-12　水资源承载力预警平台设计

平台设计以 GIS 技术、数据库技术及模型技术为依托,深化水环境容量核算与承载力
监测预警业务应用,充分发挥 GIS 基础应用平台良好的直观展示效果,开发服务于水资源
环境承载力监测预警的信息服务模式,提高承载力评估工作的实用性、可操作性、客观性

和实时性。

为满足水环境承载力的监测、评估、预警等业务需求。平台重点设计包括数据库及数据库管理、GIS基础应用、数据共享与服务、水环境承载力监测预警、系统管理模块等功能。

水环境承载力监测预警平台用户为各区、县水行政部门,地市水行政部门,省水行政部门和流域水行政部门。平台呈现级联关系,上级行政部门可以统计分析下级行政部门数据,同时还具备查看具体数据和预警的功能,下级平台可以主动上报相关预警信息至上级部门。

2. 平台整体构架

系统的整体架构包括以下8个部分:

(1)采集传输层。是采集、传输各类水资源监测信息的基础设施,主要包括重要取用水、排水、灌区地下水位、水源地、重要断面生态流量等数据的采集传输。

(2)网络层。是各类数据的汇集及业务的运行平台,为各级水资源管理部门提供数据交互的传输通道。本平台系统不再自建私有云平台,而是基于宁夏水利云平台,遵照宁夏"水利云"的整体规划进行部署。

(3)数据层。是水资源管理相关数据的存储、管理载体,对数据存储体系进行统一管理。本平台系统在共享宁夏水利数据中心已建的数据资源基础上,建设水资源承载力预警专题数据库,对各类相关信息进行存储,同时向水利数据中心共享。

(4)应用支撑层。是各应用系统的公用模块,为平台各子系统模块提供统一的技术架构和运行环境。通过应用支撑平台及应用中间件进行建设,采用统一标准和运行开发环境实施,包括系统资源服务、公共基础服务、应用服务等层次结构,通用模块涵盖数据转换、查询、消息服务、用户管理、GIS服务、报表工具等。宁夏通过水利数据中心的建设已经初步建立了统一的应用支撑平台,并通过"水慧通"的建设逐步对应用支撑平台进行完善,所以本平台系统将共享这些已经建成的公共支撑服务,不再自行建设。

(5)业务应用层。是基于指标体系和信息资源目录,综合运用联机事务处理技术、组件技术、地理信息系统(GIS)、决策支持系统(DSS)等高新技术,与水资源专项业务相结合,构建的先进、科学、高效、实用的水资源业务应用系统,对业务数据进行深度挖掘加工,围绕水资源承载力考核指标,组织数据,以图、表、动画等多维度的展现方式进行数据呈现,为信息发布、考核决策、应急辅助提供快速直观的界面支撑。

(6)门户层。是行业内用户和行业外用户使用系统的交互接口,对内用户通过水慧通实现统一登录,对外用户通过水利门户网站实现水资源相关信息的获取和事项的办理。

(7)标准规范体系。是支撑水资源承载力预警平台建设和运行的基础,是实现应用协同和信息共享的需要。

(8)安全保障体系。是保障系统安全应用的基础,包括物理安全、网络安全、信息安全及安全管理等,主要依托水利厅现有安全保障条件。

(五)与外部系统关系

宁夏水资源承载力预警评价项目建设作为"智慧水利""互联网+水利"行动的重要应用,需要整合各种资源,包括水资源监控、水利普查、水文遥测、防汛防旱、灌区信息化等各类成果,同时需要与宁夏其他厅局、流域机构及水利部的数据中心进行数据交换。

(六) 平台实现效果

平台能够实现"监测–评估–预警–决策"一体化的水资源承载力监控预警系统集成。平台在区域经济社会基础数据、水资源环境系统数据的支撑下,与 GIS 平台集成,进行基础数据管理及分析,从而得出水资源承载量、水环境承载量的值。进而通过建立模型确定水资源承载力,对其进行阈值研判,超载则报警,未超载则评估区域发展潜力,为用户提供科学化的区域可持续发展决策支持,最后以用户界面的方式展现给用户层,用以约束反馈并调控环境系统、社会经济系统。

平台能够整合集成各有关部门水资源承载力监测数据,建设监测预警数据库,运用云计算、大数据处理及数据融合技术,实现数据实时共享和动态更新。基于各有关部门相关单项评价监测预警系统,搭建水资源承载力监测预警智能分析与动态可视化平台,实现水资源承载力的综合监管、动态评估与决策支持。

在水资源承载力监测预警平台的管控方面,依托现有水资源司管控平台,结合宁夏回族自治区的实际情况与需求对其进一步优化,不再单独建设。

六、决策响应体系建设

(一) 会商决策及发布制度

构建会商制度,在水资源承载力预警评价结果公示后,针对水资源承载力预警警级和响应达成共识,提高办事效率和响应速度。会商制度的目的是促进各部门之间沟通协商,在充分了解各自需求的基础上形成共识,实现合作,最终获得双赢或多赢。会商通常采取常规会商和应急会商两种会商形式。水资源承载力预警采取常规会商,常规会商实行年度会商制,由宁夏回族自治区人民政府召集环境保护、农业农村、自然资源、水行政主管部门和省界缓冲区水质控制断面所在地(市)环境保护、水利行政管理及水环境监测部门进行会商。

根据水资源承载力预警信息涉密与否和安全等级,在会商决策的基础上,研究制定水资源承载力预警发布管理制度。

(二) 建立健全预警机制响应体系

根据水资源承载力预警等级和变化原因,当水资源承载力达到预警阈值时,采取多种措施进行应对。制定奖惩制度,采取水资源管控措施,对水资源超载地区,暂停审批建设项目新增取水许可,制订并严格实施用水总量削减方案,对主要用水行业领域实施更严格的节水标准,退减不合理灌溉面积,落实水资源费差别化征收政策,积极推进水资源税改革试点。

以最严格水资源管理制度"三条红线"指标、河长制等为核心,构建水资源承载力预警机制响应体系,主要包括资源性提高水资源承载力、结构性提高水资源承载力、经济和技术性提高水资源承载力等措施。

七、长效机制建设

将水资源承载力预警相关内容纳入有关地方性法规,出台专门的管理办法,明确水资源承载力监测预警的规则与程序等。依据《中华人民共和国水法》《取水许可和水资源费征收管理条例》,中共中央办公厅、国务院办公厅印发了《关于建立资源环境承载能力监测预警长效机制的若干意见》(厅字〔2017〕25号),《水利部办公厅关于做好建立全国水资源承载能力监测预警机制工作的通知》(办资源〔2016〕57号)、《黄委关于做好黄河流域(片)水资源承载能力监测预警工作的通知》(黄水调〔2016〕151号)等现行法律法规和文件精神,结合宁夏水资源特点,构建和完善宁夏水资源承载力监测预警法律法规体系。

(一)建立水资源承载力预警评价制度

根据水资源相关要素的特点,制定规范的水资源承载力监测数据采集、汇交、传输、共享制度,建立水资源承载力评价制度及水资源承载力预警技术规范等,形成水资源承载力一体化预警评价制度。

(二)建立信息共享机制

逐步建立县级行政区、重点用水户(含灌区)、重点流域等预警单元的水资源承载能力预警信息报送制度;按照县、市、区三级进行信息报送。逐步建立水利、生态环境、自然资源、工业信息化、农业农村、住房与城乡建设等部门的预警信息共享制度,按照"互通有无、高效利用"的原则共享信息。

水资源承载力预警涉及供水工程、用水户的水量预警,水源地、水功能区的水质预警,地下水的水位及水质预警等,预警涉及工业用水、农业用水、生活用水和特殊行业用水等,其涉及的信息应当按照相关标准确定信息是否涉密,进一步确定信息安全等级。

(三)完善政府与社会协同监督制度

宁夏区政府授权宁夏回族自治区水利厅会同有关部门和各地市政府通过书面通知、约谈或者公告等形式,对超载地区、临界超载地区进行预警提醒,督促相关地区转变发展方式,降低水资源压力。超载地区要根据超载状况和超载成因,因地制宜制定治理规划,明确水资源达标任务的时间表和路线图。开展超载地区限制性措施落实情况监督考核和责任追究,对限制性措施落实不力、水资源超载形式持续恶化地区的政府和企业等,建立信用记录,纳入信用信息共享平台,依法依规严肃追责。

开展水资源承载力监测预警评价、超载地区治理等,要主动接受社会监督,发挥媒体、公益组织和志愿者作用,鼓励公众举报资源环境破坏行为。加大水资源承载力监测预警的宣传教育和科学普及力度,保障公众知情权、参与权、监督权。

(四)逐步建立风险风控制度

针对水资源承载力预警存在的风险,区分风险类型,从水文预报、来水量预测、供水工程调度、用水需求管理等方面研究风险防控措施,并根据风险发生部门、风险防控措施实施部门等具体应对风险的各个部门职能,建立水资源承载力预警风险防范制度。

第六章　总结与建议

第一节　水资源禀赋与演变

一、水资源禀赋条件

宁夏位于中国地势第一阶梯向第二阶梯转折的过渡地带,全境海拔在 1 000 m 以上,地势南高北低,高差近 1 000 m,山地与平原多交错分布,此起彼落,呈阶梯状下降。宁夏位于我国季风区西缘,冬季受蒙古高压控制,夏季处在东南季风西行的末梢,形成典型的大陆气候,南北相跨 5 个纬度,具有南寒北暖、南湿北干、冬寒漫长、夏少酷暑、雨雪稀少、气候干燥、日照充足、风大沙多等特点。宁夏大部分地区日照多、湿度小、风大、水面蒸发强烈。水面蒸发的年际变化较小,一般不超过 20%。水面蒸发年内变化大,其随各月气温、湿度、日照、风速而变化。受地形、地貌、气候等因素的影响,区域径流有总量少、地区变化大、年内分配不均、年际变化大的特点。

宁夏多年平均年降水总量 149. 651 亿 m³,折合平均年降水深 289 mm,与 1956~2000 年水资源评价持平,不足黄河流域平均值 452 mm 的 2/3,不足全国平均值的 1/2。宁夏降水地区分布极不均匀,由南向北递减。1956~2016 年,南部六盘山东南多年平均降水量 700 mm,北部黄河两岸引黄灌区仅 180 mm,相差 3 倍多。实测最大年降水量 1 173.8 mm (1961 年,泾源西峡站),最小年降水量 35.1 mm(1981 年,平罗下庙站),相差约 33 倍。

宁夏径流有总量少、地区变化大、年内分配不均、年际变化大的特点。1956~2016 年全区平均年径流量 9. 056 亿 m³,折合径流深 17. 5 mm,是黄河流域平均值的 1/4、全国均值的 1/15。

宁夏水资源总量为 11. 196 亿 m³,平均产水模数 2. 16 万 m³/ km²,其中地表水资源量 9. 056 亿 m³,地表水与地下水不重复计算量 2. 14 亿 m³。各流域、行政分区水资源总量的分布极不均匀,产水模数行政分区最大、最小相差 37. 9 倍,流域最大、最小相差 22. 1 倍。

二、水资源演变特征

60 余年来,全区水资源情势发生了一系列的变化。总的来说,与 1956~2000 年相比,1956~2016 年降水基本持平,蒸发略有减小,但对宁夏全区水资源量整体影响不大,水资源总量减小 3%,其中地表水资源量偏小 5%,地下水资源量减少 16%。近 16 年来,地表水减小幅度较多年平均更大,2001~2016 年平均地表水资源量比 1956~2000 年平均地表水资源量减少 17. 6%。

基于 16 个雨量站点(关庄、同心、郭家桥、开城、固原、炭山、泉眼山、银川、达家梁子、梁家水园、泾源、三关口、草庙、兴隆、隆德、盐池)收集的 1956~2016 年逐年降水量数据,采用 Mann-Kendall、Pettitt 法对各站时间序列进行趋势检验和突变检验分析。从时间维度来看,宁夏全区 60 年来降水量整体呈现下降趋势,但下降趋势并不显著,整体下降速率 $-0.401\,8$ mm/年;20 世纪 50~70 年代,降水量呈现波动减少的趋势,变化的周期较短;20 世纪 70 年代之后,降水量仍然呈现下降趋势,且趋势较上一时期更为明显,但变化的周期变长,降水时间序列较之更为平稳;2011~2014 年降水量发生突变,结合降水量时间序列数据发现,2011~2014 年降水量由减少趋势变为增加趋势。

降水与土地利用变化是区域产水能力变化的主要影响因素。总体来看,宁夏全区旱地、耕地与林地是 1980~2015 年土地利用转换的主要地类,总交换量分别占计算面积的 10.95%、9.75%、5.13%。从净交换量看,草地、沙地为主要减少面积,耕地、建设用地、戈壁等为主要增加面积。尤其在进入 21 世纪后,土地利用变化的减水效应愈加突出,"减小"成为宁夏径流系数与产水系数的主要变化趋势。在 60 年尺度上,宁夏大部分地区的径流系数与产水系数都在减小,面积占比也在 61%,其余呈现增大趋势的地区集中在吴忠市、中卫市。

区域地表水资源变化的原因如下:一是下垫面条件明显改善,水土流失治理程度大幅提高,水土涵养能力明显提升,总量显著减少,而基流略有增加。二是林草植被覆盖率显著提高。植被的冠层、根系及其枯枝落叶能通过截留、增大土壤蓄渗能力,减缓坡面漫流等起到减少径流的作用。三是农业生产条件显著改善。通过多年坚持不懈的努力,全区建设旱作基本农田 30.72 万 hm^2,跑水、跑土、跑肥的"三跑田"坡耕地变成了保水、保土、保肥的"三保田"水平梯田。四是水资源调蓄能力明显增强。宁夏回族自治区水利厅通过小流域综合治理,淤地坝及水库建设、病险水库除险加固等项目的实施,水利工程的调蓄能力大大增强,改善了河流的水文情势。

区域地下水资源量在 60 年尺度呈减少特点,变化主要原因是地表水体补给的减少。宁夏的地表水体补给以灌溉入渗补给为主,灌溉入渗补给量减少原因如下:一是灌区节水改造,尤其是这些年实行灌区续建配套工程,加大渠道砌护,渠道砌护率、灌溉水有效利用系数不断提高,输水损失明显减少;二是灌溉措施的调整,亩均灌溉定额比 2000 年以前有所下降,因而灌溉入渗补给量逐年下降,灌区水资源利用效率不断提高导致地表水入渗量不断减少;三是黄河来水量减少,导致灌区引水呈减少趋势,加上落实最严格水资源管理制度和建设节水型灌区,分配给宁夏的引扬黄水量持续减少。

在过境水方面,针对下河沿、石嘴山 2 个水文代表站 1956~2016 年实测、天然径流序列的趋势和突变分析表明:60 年来,黄河入境、出境实测径流量均有较为显著的减少趋势,出境实测径流量的减小趋势与速率要明显大于入境实测径流量的。在 $\alpha=0.05$ 的检验水平下,下河沿站实测径流年际变化速率为 $-119\,78$ 万 m^3/a,石嘴山站实测径流年际变化速率为 $14\,157$ 万 m^3/a,说明黄河入境、出境实测径流量均有较为显著的下降趋势,且出境实测径流量下降趋势更为明显,变化速度更快。

第二节　开发利用程度与规律

一、开发利用程度

地表水资源开发率指地表水资源供水量占地表水资源量的百分比。宁夏当地地表水资源量 9.056 亿 m³,年供用水量 1.042 亿 m³,当地地表水资源开发率 11.5%。从全区总量看,利用率不高;但从各分区看,由于资源量的地区分布不平衡及开发利用条件的不同而差异很大,固原市最大,开发利用率为 15.1%,银川市最小,仅为 1.5%。

地下水开采率指实际开采量占地下水可开采量的百分比。宁夏全区地下水可开采量为 11.554 亿 m³,开采率为 46.9%。

国家分配给宁夏可耗用的黄河水资源量 40 亿 m³,其中包括宁夏当地地表水资源可利用量,并视黄河来水丰枯变化进行同比例增减调配。宁夏现状年净耗地表水 30.797 亿 m³,其中黄河水 29.916 亿 m³,当地地表水 0.881 亿 m³,在黄河正常来水年份的条件下,尚有富余。

宁夏全区地下水资源量 24.686 亿 m³,其中引黄灌区地下水资源量 20.009 亿 m³(小于或等于 2 g/L 16.706 亿 m³,大于 2 g/L 3.307 亿 m³),2010~2016 年的开发利用量 5.419 亿 m³,开发利用程度低,大量的地下水资源消耗于无效蒸发。

引黄灌区的地下水,虽然绝大部分是引黄水量的重复量,不能算成宁夏可利用的水资源量,但从开发利用的角度讲,开采地下水,降低地下水位,减少潜水蒸发,夺取无效蒸发量加以利用,无疑是一种节约用水的有效途径。在降低地下水位的同时,还可改良盐碱耕地及荒地,达到改造中低产田扩大灌溉面积的目的。因此,引黄灌区的地下水开发利用,在黄河来水减少的趋势下,应该成为今后灌区水资源开发利用的战略性措施。

二、规律与成因分析

2000~2016 年,全区人口增加了 121 万,城镇化率提高了 33 个百分点;GDP 翻了近 10 倍,由 295 亿元增加至 3 169 亿元;全区灌溉面积从 2000 年的 703 万亩增加至 2016 年的 879.7 万亩,2018 年达到 934.5 万亩;粮食产量实现"十六连丰",由年产 252.7 万 t 增至 370.7 万 t。而用水量由 2000 年的 87.20 亿 m³ 减少至 2016 年的 64.89 亿 m³,减少了 22.31 亿 m³。

这主要得益于持续推进的节水型社会建设,实现了以用水量的"减法"换取了经济社会发展的"加法"。宁夏水资源禀赋薄弱,干旱缺水导致的水资源短缺,成为制约经济社会发展的主要矛盾。2006 年,宁夏率先在全国开展省级节水型社会试点建设,积极落实最严格水资源管理制度,着力开展"四大节水行动",加快推进以农业节水等为重点的各业节水。

一是突出农业节水主体。加快大中型灌排骨干工程的建设与配套改造,通过干渠防渗衬砌的方式,减少输水损失,渠道砌护率由 18% 提升至 62%,灌溉水利用系数由 2005 年的 0.38 提高到 0.51,输水效率和效益得到持续提升;持续推进高效节水现代化生态灌区,大力推行滴灌、微灌、喷灌为主的高效节水灌溉,至2016年,全区累计发展高效节水灌溉面积265万亩,占总灌溉面积的30%;优化调整作物种植结构,水稻面积从130.35万亩,控制到现状的121.29万亩;加强农业用水管理,严格执行计划用水,实行用水定额管理,将年度用水指标分配到渠道、县(市、区),合理控制了宁夏农业用水量,2016年灌区渠道计划用水57.04亿m^3,实际引水56.09亿m^3。总体上,通过多项措施节水,农业用水量较2000年减少23.02亿m^3,实现亩均灌溉定额由1142 m^3减少至636 m^3,农业水分生产效率和效益分别由0.59 kg/m^3、0.59元/m^3增至2.26 kg/m^3、4.19元/m^3。

二是强化工业节水增效,严控新增高耗水项目,累计淘汰炼铁、焦炭、水泥、电石、造纸等高耗水落后产能1364万t;鼓励企业实施节水技术改造,推进水循环利用、重复使用。积极推进水重复利用、循环使用、废水处理回用,新建工业园区同步建设再生水处理利用设施,建成工业园区污水处理厂24座,处理能力15.17万t/年。工业用水重复利用率达到91.6%,推广工业用水重复利用和洗涤节水等通用节水技术和生产工艺。工业用水计量率81.1%。全区新建火电厂全部采用空冷技术,与湿冷技术相比节水80%左右。通过工业节水措施,万元工业增加值用水量控制在42 m^3/万元(当年价),与2000年的513 m^3/万元相比,下降了92%。

三是推动城市节水普及,深入开展节水型城市、节水型县(市、区)创建,截至2018年底,共5个县(市、区)实现县域节水型社会达标建设。积极培育节水型机关、学校、医院、社区,尤其是做好水利行业节水型机关建设,带动全社会节水,2018年全区本级行政、事业节水型单位分别建成104家和289家(含合署办公),创建率达到了88%和62%。居民用水全面实行阶梯水价,非居民用水全面实行超计划、超定额累进加价。推动节水器具标准化建设和管理,大力推广节水型生活器具,城市节水器具普及率由40%提高到90%以上,加强城市供水管网改造,全区城市供水管网漏损率初步达10.3%。累计建成生活污水处理厂44座,实现污水集中处理县级行政区全覆盖。

通过持续开展节水型社会建设,社会用水效率得到提升,全区万元GDP用水量由3278 m^3下降到206 m^3(当年价);用水结构得到优化,农业(包括生态补水)、工业、生活用水比例从2000年的92.8:5.3:1.9调整到2016年的88.9:6.8:4.3。

随着节水型社会建设的推进,虽然全区用水总量、引黄水量持续下降,但也相应地带来一些问题:灌区的地下水位持续下降(以银北地区为例,2000年银北地区平均地下水埋深为1.44 m,到2016年增至1.81 m,2018年虽有所上升,埋深仍达到1.61 m),随着地下水位下降,灌区土壤盐渍化程度有所减轻,但同时却对灌区的生态绿洲产生不良影响,灌区的湖泊湿地需要人工补水来保持稳定的水量水位,从维持灌区生态绿洲和"塞上江南"生态文明建设来讲,引黄灌区节水潜力是有限的,到一定程度不能再节水,还需进一步研究灌区适宜的用水量和节水量。

三、有关建议

(1)坚持节水优先,强化水资源管理。

宁夏水资源匮乏,供需矛盾尖锐,已成为自治区经济社会可持续发展的最主要制约因素。根据预测,到2030年,全区缺水可达14.2亿m^3。加之因气候变暖,干旱加剧,黄河上游来水呈减少趋势,水资源与经济社会发展的矛盾日益加剧,成为制约宁夏发展的最大瓶颈。坚持把节水贯穿经济社会发展的各方面和全过程,是解决宁夏内部水问题的必然要求。

（2）抓好水指标争取,加紧南水北调工程实施。

从长远看,宁夏资源型缺水的状况仅依靠自身节水已无法解决,必须实施跨流域调水工程和水指标争取,以增加水资源总量。加快推进南水北调西线工程、大柳树水利枢纽及生态建设区工程实施,可为黄河流域尤其是宁夏增加水指标,有效缓解宁夏水资源紧缺形势。

第三节　河湖水生态环境演变

一、演变规律

宁夏的水生态环境依然面临许多生态问题。许多河流存在断流问题,其中清水河断流次数最多,断流天数最长,经过治理后情况有所改善,但仍旧有河流偶尔出现断流现象;湖泊湿地面积萎缩,主要与湖泊下渗量增加、天然来水不足有关;人们一系列滥垦、滥牧、乱挖药材等行为,导致水土流失严重,全区尚未治理的水土流失面积依旧还有 40% 左右;工业废水和农田农药排水对水环境造成了污染,宁夏已进行综合整治,局部污染状况有所好转,但是总的恶化趋势没有改变;人类活动改变了环境,破坏了原有的生物群体结构和生存环境,生物多样性受到严重威胁;宁夏平原灌区由于地势低平,地下水位高,排水不畅等,造成土壤盐渍化,现仍有 0.133 万 km² 盐渍化耕地,占引黄灌区面积的 20.2%。

宁夏径流分布在空间上主要呈现山地大、台地小,南部大、北部小的特点。年内分布上,全区大部分地区 70%~80% 的径流集中在汛期内,8 月径流量最大,占年总径流量的 20%~40%。年际变化上,本书主要分析了 1956~2016 年径流变化情况。黄河干流下河沿和石嘴山 2 个断面中,年天然径流量和年实测径流均呈不断降低的趋势,实测年径流量比天然径流量下降幅度更大。黄河主要支流 7 个断面中,清水河 3 个断面年天然径流量皆呈现下降趋势,实测年径流量固原和韩府湾断面呈下降趋势,泉眼山断面趋于稳定无明显增减趋势;苦水河郭家桥断面天然年径流变化不大、趋势稳定,实测年径流呈现先增大后减小的趋势;红柳沟鸣沙洲断面天然年径流量没有明显的增减趋势,实测年径流量 20世纪 80 年代有所增加,后趋于稳定;泾河干流泾河源断面天然与实测年径流在 1980 年前呈下降趋势,后无明显增减趋势;泾河支流彭阳断面天然与实测年径流基本呈不断降低的趋势。宁夏全区径流量突变年份为 1996 年,在年际变化上主要受气候变化影响,其中降水和气温的相关性分别为 0.89、-0.29,用水耗水、下垫面改变,修建水利工程等人类活动也影响了径流变化。

本书研究了常年水域面积 1 km² 以上的 25 个湖泊,2001~2016 年总水域面积为190.15 km²,比 1980~2000 年平均湖泊总面积增加 65.33 km²。各湖泊的面积都呈稳定增加的趋势,面积增大最多的是沙湖,增大了 18.92 km²,面积增长率最大的是阅海湖,增长率为 861%,其他湖泊面积增加不大,多数在 1 km² 以下。大多数湖泊面积增加的主要原因是近年来城市生态建设的需求,开挖湖泊、实施湿地生态恢复建设、水系连通工程,导致湖泊补水量增大,水位升高。

采用了 Tennant 法、Q_P 法计算宁夏境内 3 条主要黄河支流 1956~2016 年的生态流量,并根据生态需水目标和河道内实际径流情况,评价河流主要控制节点和断面的生态用水满足程度。清水河、红柳沟和苦水河的生态基流分别为 0.16 m^3/s、0.02 m^3/s、0.004 m^3/s。3 条一级支流生态水量满足程度较好,各站全年及不同时段生态水量保障程度均达到 100%,生态基流的满足程度均为 100%。黄河干流生态基流的满足程度为 99%,汛期生态水量的满足程度为 100%。

宁夏河湖现状水质明显转好,劣Ⅴ类水质站点超标项目数值及倍数都明显下降;地表水天然水化学特征大部分都以 $S^{Na}_{Ⅱ}$ 型水为主;水功能区达标评价个数达标比例为 77.1%;水质浓度变化趋势主要为无明显变化趋势,宁夏水质整体呈稳步好转趋势。

二、有关建议

维护河湖健康,加强生态环境的保护是水行政主管部门的重要职责。本书研究评价的内容有限,仅为今后进一步开展水生态调查评价工作和治理工作提供参考。建议各地水行政主管部门,调查整理本地区主要河湖的水生态现状,编制河湖治理、岸线利用与保护规划,按照规划治导线实施,积极采用生物技术护岸护坡,防止过度"硬化、白化、渠化",注重加强江河湖库水系连通,促进水体流动和水量交换。同时,要防止以城市建设、河湖治理等名义盲目裁弯取直、围垦水面和侵占河道滩地;要严格涉河湖建设项目管理,坚决查处未批先建和不按批准建设方案实施的行为。在水库建设中,要优化工程建设方案,科学制订调度方案,合理配置河道生态基流,最大程度地降低工程对水生态环境的不利影响。

第四节 水资源承载力与预警机制

一、水资源承载力评价

水资源承载力评价指标依据水利部《建立全国水资源承载能力监测预警机制技术大纲要求》、宁夏地下水开发利用及保护、河湖生态流量监管要求等,2018 年水资源承载力评价从水资源承载力和承载负荷两方面选择水资源承载力评价指标,承载力评价指标包括取水总量(约束性指标)、耗水总量(约束性指标)、引黄灌区地下水位、河湖重要断面生态流量、灌溉水利用系数、黄河分配水量、万元工业增加值用水量。2020 年水资源承载力选择总取水量、地下水取水量等指标进行评价。

采用水资源承载力单指标评价法从单因子判断水资源承载力是否超载,采用综合评价法反映宁夏水资源系统承载力整体状况。

2018 年评价结果为:宁夏全区总体处于临界超载状态。石嘴山市、吴忠市为超载状态;中卫市为临界超载状态,银川市、固原市为不超载状态。同心县、红寺堡区、宁东为严重超载状态,惠农区、平罗县、盐池县、中宁县为超载状态,青铜峡、利通区、沙坡头区、农垦农场为临界超载状态,银川主城区、永宁县、贺兰县、灵武市、大武口区、原州区、西吉县、隆德县、泾源县、彭阳县、海原县为不超载状态。

2020 年水量要素综合评价结果为:宁夏全区处于临界超载状态。石嘴山市、吴忠市、中卫市为超载状态,银川市为临界超载状态,固原市为不超载。银川市区、大武口区、惠农区、利通区、红寺堡区、盐池县、同心县、宁东为严重超载,平罗县、西吉县、沙坡头区、中宁县、海原县均为超载,贺兰县、灵武市、彭阳县为临界超载,永宁县、青铜峡市、原州区、隆德县、泾源县均为不超载。

二、宁夏水资源承载力预警机制建设

根据水资源相关要素的特点,制定规范的水资源承载力监测数据采集、汇交、传输、发布的时序及周期规定,监测网点布设制度及监测成果转化机制,综合各项监测预警工作,形成水资源承载力一体化监测预警工作机制。

完善水资源承载力监测预警技术标准体系。系统梳理地表水、地下水、水质、生态流量等要素监测、调查的技术规范和数据基础,明确水资源承载力评价与监测预警的数据需求,制定水资源承载力调查、监测数据规范。

建设水资源承载力监测预警平台和共享机制。组织构建集合基础信息检索、资源环境情势监测、承载力预警发布和响应服务、系统管理等功能于一体,贯穿自治区、市、县四级的水资源承载力监测预警信息平台。

理顺信息协调工作机制,规范水资源信息获取(调查与监测)、更新、储存、使用与发布,建立数据信息共享与发布机制。

三、有关建议

(1)优化水资源配置。

①北部引黄灌区:

区域农业用水效率较低,水资源配置以节水增效为主,通过农业节水、水权转换等,建立完善的水资源调配体系,进一步推行和继续完善水权转换制度建设,确保宁东能源化工基地等国家级重点工业园区的用水;银北灌区实现地表水和地下水联合调度,合理利用地下水,科学调控地下水位;进一步加强洪水、农田排水资源化利用,维持湖泊湿地健康生命;加大工业和城市节水力度,提高水循环利用水平。

②中部干旱带:

在南水北调西线工程建成生效前,原则上不考虑规模较大的扬黄调水工程。当前在固海、红寺堡区、盐环定、固海扩灌 4 大扬黄工程覆盖范围内,要严格控制新增灌溉面积,在解决城乡饮水安全和保障现有灌区用水的条件下,加大种植结构调整和节水改造力度,利用节约的扬黄水,向区域内的生态移民和工业配水,实现扬水工程的供水多元化,构建扬水工程的良性循环。雨水集蓄利用区高标准建设集雨工程,高效率拦蓄利用雨洪水资源。

③南部山区:

区域水资源配置以节流增效为中心,开源与节流并重,以流域为单元,加强生态保护和水源涵养建设,加快水资源配置工程建设,建立大中小工程并举、库坝窖池联用的供水体系,加强雨洪水资源和苦咸水等非常规水资源利用,综合配置流域间的水资源,保障区域经济社会用水。

(2)加强组织领导,建设水资源承载力预警机制。

明确制定水资源承载力预警工作组织管理制度,科学确定预警阈值,规范警情上报、发布与处置,做好相关预案工作,协调承载力监测预警与紧急事务管理关系,推进专项机构建设。各级党委政府要站在全局和战略高度,将水资源承载力预警纳入重要议事日程,加大指导、协调和监督力度,加强政策支持,及时研究解决试点中出现的重大问题。

(3)强化监督管理。

水资源承载力预警响应措施的实施与否直接关系到水资源承载力预警的效果、水资源承载力不超载和区域生态安全。因此,有必要加强水资源承载力预警响应措施落实的监督管理,督促水资源承载力超载区域严格落实响应措施,实现水资源承载力不超载,维护区域生态安全。

参考文献

[1] 魏凤英. 现代气候统计诊断与预测技术[M]. 2版. 北京：气象出版社，2007.

[2] 刘瑞，朱道林. 基于转移矩阵的土地利用变化信息挖掘方法探讨[J]. 资源科学，2010，32(8)：1544-1550.

[3] 刘盛和，何书金. 土地利用动态变化的空间分析测算模型[J]. 自然资源学报，2002(5)：533-540.

[4] 段增强，张凤荣，孔祥斌. 土地利用变化信息挖掘方法及其应用[J]. 农业工程学报，2005(12)：60-66.

[5] 任立良，张炜，李春红，等. 中国北方地区人类活动对地表水资源的影响研究[J]. 河海大学学报(自然科学版)，2001(4)：13-18.

[6] 徐伟铭，鱼京善，王崴，等. 基于神经网络模型的全国用水量"四维"模拟[J]. 南水北调与水利科技，2020，18(1)：11-17.

[7] 刘治学. 包头市用水结构变化及用水量预测分析[D]. 咸阳：西北农林科技大学，2013.

[8] 马国梁. 区间灰数模型在工业需水预测中的应用[J]. 节水灌溉，2014(5)：74-75.

[9] 徐伟铭，鱼京善，王崴，等. 基于神经网络模型的全国用水量"四维"模拟[J]. 南水北调与水利科技，2020，18(1)：11-17.

[10] 高学平，陈玲玲，刘殿竹，等. 基于PCA-RBF神经网络模型的城市用水量预测[J]. 水利水电技术，2017，48(7)：1-6.

[11] 朱世垚，宋松柏，王小军，等. 基于LMDI和STIRPAT模型的区域用水影响因素定量分析研究[J]. 水利水电技术(中英文)，2021，52(2)：30-39.

[12] 王雪梅，雷晓辉，房彦梅，等. 海河流域工业用水变化趋势分析与预测[J]. 水电能源科学，2014，32(11)：31-33.

[13] 刘俊良，刘兴坡，张树军，等. BP神经网络在城市需水量预测中的应用[J]. 河北建筑工程学院学报，2001(2)：1-3.

[14] 李淑霞. 1991—2017年宁夏工业用水特征及问题分析[J]. 宁夏工程技术，2019，18(3)：286-288.

[15] 黄震华，谭孝源. 宁夏土壤盐碱化的防治意见和经验[J]. 水利与电力，1962(23)：28-31.

[16] 刘雅清，王磊，赵希妮，等. 宁夏河套灌区典型区域土壤盐碱化空间变异特征[J]. 土壤通报，2019，50(6)：1269-1277.

[17] 欧阳志云，王效科，苗鸿. 中国生态环境敏感性及其区域差异规律研究[J]. 生态学报，2000(1)：10-13.

[18] 李玉华，袁进国. 宁夏草原生态保护存在的主要问题及政策建议[J]. 农民致富之友，2017(20)：228.

[19] 张贺. 河流生态敏感区分布特征分析与评价[J]. 水利技术监督，2019(6)：7-10.

[20] 丁志宏，冯宇鹏，丛娜. 宁夏水安全保障规划中的水生态保护与修复规划工作若干思考[J]. 海河水利，2020(1)：22-26.

[21] 李帅，魏虹，刘媛，等. 气候与土地利用变化下宁夏清水河流域径流模拟[J]. 生态学报，2017，37(4)：1252-1260.

[22] Miao Jindian, Zhang Xiaoming, Zhao Yang, et al. Evolution patterns and spatial sources of water and sediment discharge over the last 70 years in the Yellow River, China：A case study in the Ningxia Reach. [J]. The Science of the total environment，2022(838)：2.

[23] 杜运吉. 宁夏清水河 苦水河等河流水源保护规划完成[J]. 水资源保护,1987(3):17.

[24] 王素艳,李欣,王瑶,等. 宁夏降水资源格局演变特征[J]. 干旱区研究,2021,38(3):733-746.

[25] 李帅. 宁夏黄河流域气候与土地利用变化及其对径流影响研究[D]. 重庆:西南大学,2015.

[26] 李岷. 宁夏中小河流治理试点项目工程建设实践[J]. 中国防汛抗旱,2015,25(6):87-89.

[27] 郭勤华. 黄河宁夏段水系湿地湖泊生态文明析论[J]. 天水师范学院学报,2021,41(5):39-44.

[28] 田巍,周志轩,陈耀文. 宁夏重点湖泊生态健康评价与修复对策研究[J]. 中国农村水利水电,2021(1):28-31.

[29] 倪细炉,杨智,李志刚,等. 银川平原主要湖泊湿地水环境现状调查与分析[J]. 环境工程,2012,30(S2):563-565.

[30] 高洪香,贾帅,焦炳忠. 黄河干流宁夏段生态流量计算及保障措施分析[J]. 中阿科技论坛(中英文),2022(4):24-28.

[31] 张华,汪文浩,暴路敏. 宁夏苦水河流域生态水量分析评价应注意问题浅析[J]. 宁夏工程技术,2019,18(4):371-374.

[32] 韩宇平,赵若,王富强. 宁夏引黄灌区湖泊湿地生态需水量计算[J]. 灌溉排水学报,2010,29(4):67-71.

[33] Jin Y, Wang X Y, Dong Y P. Variation of Water Quality in Ningxia Section of the Yellow River in Recent 5 Years[J]. Journal of Chemistry, 2022.

[34] 马国东,田瑞. 宁夏沙湖湿地自然保护区水质保护工程[J]. 湿地科学与管理,2022,18(2):51-53.

[35] 宁忠瑞,李虹彬. 基于水质标识指数的黄河宁夏段水质评价与分析[J]. 灌溉排水学报,2020,39(S1):56-61.

[36] 杨彦忠,李聪敏. 宁夏重要水功能区水质现状评价与达标分析研究[J]. 科技创新与应用,2021,11(27):86-87,91.

[37] 李雨欣,薛东前,宋永永. 中国水资源承载力时空变化与趋势预警[J]. 长江流域资源与环境,2021,30(7):1574-1584.

[38] 赵欢欢. 宁夏水资源承载力预警研究[D]. 西安:西北大学,2021.

[39] 李雨欣,薛东前,宋永永. 中国水资源承载力时空变化与趋势预警[J]. 长江流域资源与环境,2021,30(7):1574-1584.

[40] 热孜娅·阿曼. 新疆水资源承载力评价及量水发展模式研究[D]. 乌鲁木齐:新疆大学,2021.

[41] 刘一江. 张家口市水资源承载力评价及监测预警研究[D]. 大连:辽宁师范大学,2020.

[42] 金菊良,陈梦璐,郦建强,等. 水资源承载力预警研究进展[J]. 水科学进展,2018,29(4):583-596.

[43] 李宁,刘晋羽,谢涛. 水资源环境承载能力监测预警平台设计探讨[J]. 环境科技,2015,28(2):57-61.

[44] 王建华,翟正丽,桑学锋,等. 水资源承载力指标体系及评判准则研究[J]. 水利学报,2017,48(9):1023-1029.

[45] 丁裕国,江志红. Theoretical Relationship between SSA and MESA with Both Application[J]. Advarces in Atmospheric Sciences,1998(4):111-122.